Sun Dragon

Hanf und Spiritualität

Sun Dragon

Hanf und Spiritualität

Handbuch für geistiges Wachstum und Transformation mit Cannabis

NACHTSCHATTEN VERLAG

Impressum

Sun Dragon
Hanf und Spiritualität
Handbuch für geistiges Wachstum und Transformation mit Cannabis

Nachtschatten Verlag AG
Kronengasse 11
CH-4500 Solothurn
www.nachtschatten.ch
info@nachtschatten.ch

Der Nachtschatten Verlag wird vom Bundesamt für Kultur mit einem Strukturbeitrag für die Jahre 2026–2028 unterstützt.

Fachlektorat: Markus Berger
Gestaltung: Christian Koch
Umschlaggestaltung: Nina Seiler
Bildquellen: 9: iStock; 35, 51, 52: ZVG; 36: John Bodsworth; 64, 108,113, 140: Adobe Stock; 116, 126: Wikimedia. Alle anderen Abbildungen stammen aus dem Archiv des Autors.

Druck: Printed in EU
ISBN: 978-3-03788-710-3

Auslieferung EU:
Agorando Technologies GmbH, An der Südspitze 1–12, D-04571 Rötha, info@agorando.com

Disclaimer
Dieses Buch dient ausschließlich der Information und stellt weder eine Empfehlung noch eine medizinische Beratung dar. Die dargestellten Inhalte sollen zur Aufklärung und Prävention über die spirituelle Verwendung von Cannabis beitragen. Es ist die jeweils gültige Rechtslage zu beachten. Viele der Ansichten dieses Buches sind im wissenschaftlichen Sinne nicht gesichert und es gibt auch keine relevanten Informationen und Langzeitstudien zu den Risiken und Nebenwirkungen der Methodik. Der Autor übernimmt keine Haftung oder Verantwortung für entstandene Schäden durch die angewandten Methoden und haftet folglich auch nicht.

Inhalt

TEIL 4

RELIGION, SPIRITUALITÄT UND ARCHETYPEN 95

Auch wenn es in der Öffentlichkeit immer noch so dargestellt wird, ist Cannabis kein Betäubungsmittel, keine gefährliche Droge und schon gar kein Suchtgift. Cannabis ist eine Heilpflanze, eine Medizin und – wie sich immer mehr herausstellt – ein entheogener Katalysator. Im richtigen Umgang kann der Hanf zu imposanten Erkenntnissen über die Funktionsweise des Lebens, des Universums, also der Schöpfung, und damit über uns Menschen führen.

Helmut Christof aka Sun Dragon beschäftigt sich mit den spirituellen Implikationen des reflektierten Gebrauchs der Cannabispflanze, die mit persönlichem Wachstum und geistigem Erwachen in Verbindung gebracht werden. Die Einsichten in Strukturen der eigenen Persönlichkeit, des kollektiven Bewusstseins und der lebendigen Schöpfung als solcher, die ein zielgerichteter Gebrauch psychoaktiver Hanfprodukte forcieren kann, stehen der politischen Einordnung als verbotene volksgefährdende Droge diametral entgegen. Um gesundheitspolitische Aspekte ging es bei dieser Klassifikation sowieso noch nie. Das wurde uns nur erzählt, um die menschenverachtenden Drogengesetze über Jahrzehnte hinweg zu rechtfertigen.

Sun Dragon nennt die neue Richtung, die er zu etablieren erpicht ist, den Gaia-Schamanismus. Das darf man bloß nicht falsch verstehen. Wer mich kennt, weiß, dass ich diesem Thema kritischer gegenüberstehe als viele andere Protagonisten aus unserer Bewegung. Denn Schamanismus ist in der modernen Welt eine Modeerscheinung, die mit exotischen Äußerlichkeiten in Verbindung gebracht wird, so als ginge es nur um extravagante Gewänder, mystisches Blättergeraschel und die bunte Feder im Haar. Vollkommen zu Unrecht liebäugeln deshalb viele moderne Menschen mit dieser uralten Gesellschaftsform, die sie als so sehr erleuchtet und erhaben betrachten.

Echte schamanische Praxis ist ein soziokulturelles Phänomen, das in unserem Traditionsraum durch Intervention der religiösen (monotheistischen) Strömungen längst nicht mehr existiert. Gelebter Schamanismus beschränkt sich heute auf die letzten indigenen Stammesgemeinschaften und kleine Völkergruppen, die sich abseits vom Mainstream erhalten haben. In unseren Kreisen kennen wir keinen Schamanismus mehr. Das lässt sich auch nicht ändern, indem man neue schamanische Genres erfindet. Schamanische Kultur ist aus Jahrtausende alten Überlieferungen und Praktiken entstanden, die von Generation zu Generation veredelt wurden. Ein echter Schamane ist in seine Rolle sprichwörtlich hineingewachsen – meist, ohne das angestrebt zu haben. Im Gegenteil: Für viele echte Schamanen ist diese Lebensaufgabe, die dem Wohl der ganzen Stammesgruppe dient und weitgehend ohne Entlohnung auskommt, sowohl Bürde wie auch Last. Wir können uns gar nicht vorstellen, was es bedeutet, die Verantwortung für ein ganzes Volk zu tragen, sowohl in medizinisch-therapeutischer, in spiritueller wie auch in gesamtgesellschaftlicher Hinsicht. Weil wir schlichtweg nicht wissen, was es bedeutet, in einer schamanischen Volksgemeinschaft zu leben, überspitzen wir die romantischen Vorstellungen des naturverbundenen Schamanismus recht häufig.

Trotzdem: Was Sun Dragon hier versucht, ist, eine neue Sichtweise auf altbekannte Pflanzendrogen herzustellen und seinem Publikum anzubieten. Und die ist sicherlich heilsamer und näher an der Wahrheit als alle Anti-Drogen-Propaganda dieser Welt zusammen. Wenn wir lernen, den Hanf als Entheogen zu verstehen, das wir im Sinne einer positiven Lebensweise und kollektiven Entwicklung nutzen können, kommen wir einem wichtigen Aspekt des Gebrauchs von psychotropem Cannabis endlich näher. Es geht nicht nur um Heilung politisch akzeptierter Erkrankungen, sondern mindestens genauso um die Gesundung unserer tiefsten psychischen Wunden, die mit den Auswüchsen und Gebaren der verhärteten und insgesamt ungesunden gesellschaftlichen Konventionen einhergeht.

Das Angebot, das uns Sun Dragon mit diesem Buch macht, ist also ein attraktives. Wir sollten uns das auf der Zunge zergehen lassen und prüfen, inwieweit die Verwendung des Hanfes nicht nur als Entspannungsmittel und therapeutisches Pharmakon unser Leben zu bereichern in der Lage ist. Wenn die bewusste und sinnstiftende Nutzung von psychotropem Hanf nicht mehr den Status eines kontroversen Politikums innehat, haben wir als industrialisierte Gesellschaft, die zurzeit dabei ist, sich selbst zu verlieren, die ernsthafte Chance, uns wieder mit unseren spirituellen Wurzeln zu verbinden. Und damit mit unserem wahren schöpferischen Potenzial.

Bom Shankar.

Markus Berger

Zur Wintersonnenwende 2025

Wer bin ich – Dein Begleiter in die Welten der highligen Pflanze

Bevor wir die Reise in die Mysterien von Cannabis beginnen, möchte ich mich dir vorstellen. Ich heiße Helmut – aber viele kennen mich auch unter meinem schamanischen Namen Sun Dragon. Ich bin kein Arzt, kein akademischer Professor, kein Therapeut im klassischen Sinn. Ich bin ein Forscher des Bewusstseins. Ein Reisender zwischen den Welten. Und vor allem bin ich jemand, der sein Leben dem Lernen, Lehren und Teilen von altem und neuem Wissen gewidmet hat.

Ich habe in meinem Leben viele Rollen gespielt: spiritueller Lehrer, Ritualleiter, Cannabis-Schamane, Ernährungsberater, Naturheilkundler, Forscher für Vitalstoffe und Nootropika, Biohacker, Cannabis-Coach. Ich habe hunderte Zeremonien begleitet, unzählige Gespräche geführt, Bücher und Kurse entwickelt. Und vor allem: Ich habe selbst immer weiter gelernt. **Ich konnte den GAIA-Schamanismus als einen kulturübergreifenden Einweihungsweg begründen.** Schwitzhütten, Trancetanz, das Medizinrad, die Friedenspfeife und mehr verbinden sich hier sich zu einem neuen Verständnis über uns Menschen und der Erde. Ich habe mich immer als ein Pionier gesehen, der altes und neues Wissen zu einem größeren Ganzen vereinen will – sozusagen Updates von alten Ritualen macht und ihnen neue Aufgaben und Möglichkeiten schenkt.

Ein entscheidender Teil meines Weges begann, als ich in den Amazonas eingeladen wurde, um eine traditionelle Ausbildung als Ayahuasca-Heiler zu beginnen. Diese Zeit im Dschungel hat mich geprägt. Nicht nur, weil ich dort die Arbeit mit einer der mächtigsten Pflanzenlehrerinnen unseres Planeten lernen durfte – sondern weil ich dort erfahren habe, was es bedeutet, sich einer Pflanze wirklich zu stellen.

Die Ayahuasca-Geister sind keine netten Wellness-Begleiter. Sie prüfen dich. Sie öffnen Räume, die du vielleicht nicht sehen willst. Sie lehren dich Demut. Am Ende dieser Ausbildungszeit habe ich dort eine Aufgabe erhalten. Eine Art Mission. Nicht von Menschen – sondern von den Geistern des Dschungels selbst.

Sie haben mir gezeigt, dass meine Aufgabe nicht darin liegt, Ayahuasca hier im Westen zu verbreiten. Sondern mich um eine Pflanze zu kümmern, die schon längst hier ist. Eine Pflanze, die ebenfalls ein Lehrer sein kann – aber völlig missverstanden wird.

Ihre Botschaft lautete: *»Kümmere dich um Cannabis. Es ist eine heilige Pflanze. Hilf den Menschen, es als Entheogen zu begreifen, nicht als bloßes Konsumgut.«*

Seitdem arbeite ich mit Cannabis nicht bloß als Genussmittel oder Medizin, sondern vor allem als Lehrerpflanze. Als lebendiges Wesen, das uns etwas zeigen will. Etwas über uns selbst. Über unsere Wunden. Über unsere Konditionierungen. Und über unsere Fähigkeit zu heilen.

Dieses Buch ist ein Teil dieser Aufgabe. Es ist mein Versuch, das Wissen, das ich selbst erfahren und gesammelt habe, weiterzugeben.

In meiner Arbeit geht es mir nicht darum, Dogmen aufzustellen oder einen neuen Kult zu gründen. Vielmehr möchte ich Menschen Werkzeuge an die Hand geben: Wissen, Praktiken, Inspiration – damit sie selbstständiger, freier und ganzer werden, ihr Bewusstsein erweitern und zugleich ihre Wurzeln in Körper und Erde vertiefen. Ich sehe Cannabis als eine Brücke – zwischen Körper und Geist, zwischen Individuum und Natur, zwischen alter Weisheit und moderner Wissenschaft. Und ich glaube: Unsere Zeit braucht genau solche Brücken.

Wenn du dieses Buch liest, dann bist du vielleicht selbst ein Suchender. Vielleicht hast du schon lange das Gefühl, dass in dieser Pflanze mehr steckt als Betäubung oder oberflächlicher Rausch. Vielleicht ahnst du, dass sie ein Schlüssel ist – nicht zu einer einfachen Lösung, sondern zu einem Weg der Transformation.

Ich freue mich, dich auf diesen Weg einzuladen und zu begleiten.

Bevor wir gemeinsam weitergehen, möchte ich noch etwas Wesentliches sagen: Ich will in diesem Buch nicht das Spirituelle zerlegen oder entzaubern. Mir geht es nicht darum, heilige Erfahrungen auf bloße Moleküle und Neurotransmitter zu reduzieren. Sondern ich will zeigen, wie wir mithilfe moderner Wissenschaft besser verstehen können, warum und wie solche Erfahrungen überhaupt möglich werden.

Mystische Zustände sind zutiefst subjektiv. Ich kann sie dir nicht beweisen. Du kannst sie nicht in Zahlen pressen. Auch ich verstehe sie nicht vollständig – niemand tut das.

Cannabis wirkt nicht bloß auf »den Geist« im abstrakten Sinn. Es wirkt auf konkrete Rezeptoren, schaltet Netzwerke im Gehirn um, öffnet oder schließt emotionale Zugänge. Wissenschaft kann diese Vorgänge beschreiben. Sie kann Modelle liefern, die uns helfen, uns vorzubereiten und diese Erfahrungen bewusster zu integrieren.

Ich glaube, genau das brauchen wir: Keine Entzauberung. Sondern eine Brücke. Eine Brücke zwischen uraltem spirituellem Wissen und moderner Forschung. Zwischen subjektiver Tiefe und rationalem Verständnis. Vieles davon kann man nicht 1:1 übersetzen. Da gibt es Grauzonen und halbwissenschaftliche Vorstellungen. Deshalb mein Vorschlag: Du musst mir nichts glauben.

Das, was letztendlich zählt, ist die Praxis. Es sind die Erfahrungen, die du auf diesem Weg sammelst. Es ist das, was sich in dir als stimmig anfühlt. Man kann nicht immer alles erklären.

Mir ist noch etwas sehr wichtig:
Der Weg mit Cannabis ist keine plumpe oder respektlose Aneignung fremder Kulturen.Ich will kein Wissen stehlen oder oberflächlich vermarkten, sondern anerkennen, dass diese Pflanze schon immer viele Kulturen, Systeme und Menschen inspiriert und gelehrt hat. Für mich geht es nicht darum, diese Traditionen zu »nehmen«, sondern darum, von ihnen zu lernen. Sie zu würdigen. Und ihr Wissen in einen größeren Zusammenhang zu stellen.

Wir leben in einer globalisierten Welt – einer Welt, in der sich Menschen und Kulturen ständig begegnen und in der wir nicht mehr isoliert denken können. Der Weg des Hanfes ist deshalb kein Besitz einer Kultur. Er ist eine Einladung, gemeinsam zu verstehen, was Cannabis uns lehren kann – über uns selbst, über Heilung, über unsere Verbindung zur Natur.

Für mich ist das ein evolutionäres Ziel: Das Wissen der Alten – aus Indien, China, Afrika, dem Nahen Osten, Amerika und Europa – nicht zu zersplittern oder auszulöschen, sondern zu vernetzen und weiterzuentwickeln.

So können wir heute bewusster, respektvoller und heilsamer mit dieser Pflanze umgehen. Und wir vermeiden es, in alte Fehler zu verfallen – Ausbeutung, Missbrauch, Ignoranz –, indem wir eine neue Kultur des Lernens, Heilens und Wachsens schaffen.

In vielen Kapiteln wirst du sehen, dass ich die Fähigkeiten von Cannabis mehrfach betone, sie in neue Zusammenhänge stelle und ihre besonderen Kräfte hervorhebe. Ich trete hier ein wenig wie ein Anwalt auf, der den schlechten Ruf seines Klienten rehabilitieren möchte. Und ich sage dir: ‚Vergiss alles, was du bisher über diese Pflanze wusstest. Lass dich entführen in eine Welt, die lange vergessen war und nun neu auftaucht – eine Welt, in der Götter, Geister und uraltes Wissen eine große Rolle spielen. Eine Welt, die dir helfen kann, mit einer modernen Denkweise eine Brücke zu schlagen. Ob du diese Brücke betrittst, um mit mir in die großen Mysterien des Lebens und des Loslassens einzutauchen, liegt ganz bei dir.«

TEIL 1

Cannabis als Entheogen

Eine alte grüne Kraft möchte erwachen

Willkommen in der Welt des Grünen Drachen.

Dieses Buch ist mehr als nur ein Lesebuch – es ist eine Einladung. Eine Einladung an dich, die uralten und doch brandaktuellen Geheimnisse der Pflanze Cannabis neu zu entdecken und in dein Leben zu integrieren. Es möchte dir helfen, die verschütteten Weisheiten vieler Kulturen miteinander zu verweben und in unserer Zeit fruchtbar zu machen.

Der »Grüne Drache« ist das Bild, das uns auf dieser Reise begleitet. Er ist mehr als eine Metapher. Er steht für die lebendige, wilde, unbändige, aber auch heilende und schöpferische Kraft, die in Cannabis steckt – und die gleichzeitig in deinem Endocannabinoidsystem ruht.

Cannabis ist eine uralte **Lehrerpflanze**. Sie begleitet die Menschheit seit Jahrtausenden. Sie ist Medizin, Sakrament, Rauschmittel, Rohstoff und Kulturträger in einem. Doch ihr eigentlicher Wert wird oft missverstanden, verkannt oder sogar kriminalisiert. Dieses Buch möchte das Bild zurechtrücken – nicht mit ideologischen Parolen, sondern mit einem lebendigen, erfahrungsorientierten Ansatz.

In diesem Buch findest du historische Hintergründe, spirituelle Konzepte, biochemische Erkenntnisse und praktische Anleitungen. Es verbindet Wissen aus der modernen Cannabisforschung mit uralten Ritualformen und Archetypenarbeit.

Dies ist eine Einladung, viele alte Wege zu verbinden. Wissen aus Indien, aus China, aus indigenen Heiltraditionen, aus moderner Wissenschaft. All diese kulturellen Ansätze enthalten Schätze – unterschiedliche Perspektiven auf eine Pflanze, die überall auf der Welt als heilig, heilend und lehrend angesehen wurde.

Zusammen zeigen sie ihr ganzes Potenzial.

Der Weg des grünen Drachen bedeutet, diese verschiedenen Traditionen miteinander zu verweben und die darin enthaltenen Erkenntnisse zu einem neuen Gesamtbild zusammenzuführen. Ein Gesamtbild, das mehr ist als die Summe der Teile. Ein neues Verständnis von Cannabis – nicht bloß als Droge, Medizin oder Sakrament, sondern als komplexe Lehrerin, die uns helfen kann, unsere Körperkraft, unseren Geist, unser Herz und unsere Seele zu entwickeln.

Denn Cannabis galt früher als ein Geschenk der Götter für unsere menschliche Weiterentwicklung. Sie ist nicht bloß eine Pflanze, die Nahrung liefert, Kleidung und Unterkunft (mit Hanffasern und Baustoffen), Medizin für Körper und Geist, sondern auch Nahrung für die Seele.

In meiner Arbeit erlebe ich Cannabis als Schlüssel, der viele Türen öffnen kann:

- Spirituelle Erfahrung und Erkenntnis
- Emotionale Heilung und Integration
- Körperkraft und körperliches Wohlbefinden
- Stärkung und Training des Geistes
- Unterstützung für Konzentration, Kreativität und Lernen
- Hilfe beim Lösen von Blockaden und Mustern

Es geht nicht darum, Cannabis magisch zu verklären. Sondern darum zu erkennen, wie breit sein Potenzial ist, wenn wir es bewusst einsetzen.

Der Weg des grünen Drachen bedeutet: Lernen, die Effekte der Pflanze gezielt zu verstehen und zu nutzen. Nicht in Abhängigkeit oder Flucht. Sondern in Klarheit und Verantwortung.

Der grüne Drache beschreibt Cannabis als Entheogen, als heiliges Sakrament um die tiefsitzenden archaischen Kräfte deines Reptiliengehirns mit den höheren Zentren deines Bewusstseins zu verbinden. Der Grüne Drache ist dabei gleichzeitig die Pflanze als dein Hilfsgeist und das erwachte, personifizierte Endocannabinoidsystem, dein Schmelztiegel für Körper, Geist und Seele.

Wenn ich diesen Weg »Weg des Grünen Drachen« nenne, dann deshalb, weil mir dieser Drache erschienen ist. Nicht in einem Film, nicht in einem Buch, sondern tief in meinem eigenen Inneren – als Kraftbild, als Bewusstseinswesen, als spirituelle Realität. Und mit ihm kam eine Botschaft: Die Zeit ist reif, dass wir uns wieder an die Drachenkraft erinnern.

Der Drache – Symbol des Urwissens

In fast allen Kulturen finden wir Drachenwesen: manchmal als Schlange, manchmal geflügelt, als Regenbogenschlange, als gefiederte Schlange oder als Wassergeist. In der chinesischen Kultur gelten Drachen als Hüter des Glücks, des Wassers und der kosmischen Ordnung. In den Kulturen der Aborigines Australiens ist es die Regenbogenschlange, die die Welt aus dem Chaos erschuf. In Mittelamerika ist es Quetzalcoatl, die gefiederte Schlange, die das Wissen der Götter zu den Menschen brachte.

Allen gemeinsam ist eines: Der Drache verbindet Himmel und Erde. Er ist das Wesen, das sich zwischen den Welten bewegen kann. Er ist alchemisch, transzendent – und zutiefst transformativ.

Was hat nun Cannabis mit dem Drachen zu tun?

Viel – sehr viel.

Stell dir vor, in deinem Körper gäbe es ein Netzwerk, das unermüdlich versucht, alles im Gleichgewicht zu halten:

Nicht zu viel, nicht zu wenig – Homöostase.

Es besteht aus:

- Enzymen, die diese Botenstoffe abbauen und regulieren
- Hirnstamm (Reptiliengehirn)
- dem Limbischem System
- Rückenmark
- Dem präfrontalem Kortex mit der Aufgabe, zu modulieren, zu puffern, zu schützen.

Cannabis – mit seinen pflanzlichen Cannabinoiden – dockt direkt an dieses System an: THC, CBD und andere Bestandteile wirken wie Schlüssel in uralten Schlössern.

Wenn du Cannabis bewusst einnimmst, berührst du also nicht bloß dein Denken – du berührst dein evolutionäres Fundament. Manche nennen es »den Dinosaurier in unserem Kopf« – das sogenannte Reptiliengehirn. Ein Relikt aus grauer Vorzeit? Vielleicht. Aber vor allem ist es: der Hüter deines Überlebens.

Dieses älteste Areal des menschlichen Nervensystems steuert das, was du nicht bewusst tust – sondern sein musst, um überhaupt zu leben: Atmen. Herzschlag. Blutdruck. Flucht. Erstarren. Angriff.

Der Begriff »Reptiliengehirn« stammt nicht aus der klinischen Neurologie, sondern aus dem Modell des »Triune Brain«, geprägt von Paul D. MacLean. Er sah das Gehirn als evolutionäres Schichtmodell:

- Reptiliengehirn (Stammhirn, Cerebellum, Medulla) – steuert Instinkt und Überleben
- Limbisches System – Emotion, Bindung, Reaktion
- Neokortex – Sprache, Denken, Planen, Bewusstsein.

Was wir »Reptiliengehirn« nennen, ist also nicht ein einzelner Knoten – sondern die Basis des gesamten neurobiologischen Überlebensprogramms. Und es reagiert sofort – noch bevor du »Ich« sagen kannst.

Das bedeutet: Cannabis wirkt direkt auf deine tiefsten inneren Mechanismen – auf jene, die dein Überleben sichern.

Dieses Wissen ist sehr alt. In der Yogalehre wird seit Jahrtausenden von einer aufgerollten Schlange an der Basis der Wirbelsäule gesprochen:

Die Kundalini
Sie schläft – bis sie erweckt wird. Dann steigt sie durch den Zentralkanal (Sushumna) auf, durchdringt die Chakren und führt zu Bewusstseinserweiterung.

Denn: Sie verbindet Instinkt, Emotion und Kognition. Ihre Rezeptoren sitzen entlang der Wirbelsäule, in den Nervengeflechten, die man den Chakren zuordnet. Wie eine intelligente Echse steigt sie auf und ab, reguliert und harmonisiert: Sie beruhigt die Überlebensreflexe des Reptilienhirns, öffnet emotionale Zentren für Bindung und Heilung und erweitert die kognitiven Netzwerke für Visionen, Metadenken und Transzendenz.

Spirituell gesprochen: Der Aufstieg beginnt – von unten nach oben, von Angst zu Verbundenheit, von Trennung zu Einheit.

Doch Vorsicht: Diese Schlange ist nicht ungefährlich. Bei unachtsamer Dosierung kann Cannabis genau das Gegenteil auslösen – Angst, Paranoia, Desorientierung.

Bei einer falsch geweckten Kundalini kann der »Aufstieg« chaotisch werden, wenn der Körper nicht vorbereitet ist.

Deshalb braucht es:

- Achtsamkeit
- Ritual
- Atemarbeit
- Erdung
- Integration

Cannabis ist kein Shortcut zur Erleuchtung. Aber es kann – wenn richtig eingesetzt – zum katalytischen Funken werden, der die uralte Drachen-Schlange Kundalini in dir sanft, gezielt und bewusst in Bewegung bringt.

In diesem Buch will ich genau das teilen – **Werkzeuge, Wissen und Rituale**, um Cannabis nicht bloß »zu konsumieren«, sondern mit der Pflanze zu arbeiten.

Damit sie uns helfen kann, ganz zu werden. Menschlicher. Bewusster. Stärker. Und wieder verbundener mit der Natur und Mutter Erde.

Cannabis ist nicht einfach nur eine Pflanze. Sie ist ein Wesen, eine Bewusstseinslehrerin, eine Form gewordene Intelligenz – zutiefst verbunden mit den Kräften des Drachen und der Kundalini.

Sie kann:

- Tore in andere Bewusstseinsräume öffnen
- Körper und Geist verbinden
- heilen, wenn sie achtsam angewendet wird
- uns mit unseren Schatten konfrontieren

So zeigt sich ein uralter Pfad neu – durch die Brille der Zeit, durch den Körper, durch die Biochemie, durch das Ritual.

Was ist besonders am Weg des Grünen Drachen?

Er verbindet alte Weisheiten mit moderner Neurobiologie, Rituale und Pflanzenarbeit mit Alltag und Erdung, spirituelle Praxis mit psychoemotionaler Heilung.

Es ist ein Weg für Menschen, die Cannabis nicht einfach nur konsumieren, sondern damit arbeiten wollen. Die spüren: Da ist mehr. Die in sich den Ruf hören, tiefer zu gehen. Ehrlicher. Wahrhaftiger.

Ein zentraler Teil dieses Weges ist es, den Drachen neu zu verstehen – nicht als Gegner, sondern als Lehrer. Denn der Drache hütet das Gold. In den Mythen liegt er auf dem Schatz. Und dieser Schatz – das sind deine unentdeckten Potenziale, deine ungelebten Kräfte, deine eigene Weisheit.

Der Drache konfrontiert dich mit dem, was du vergessen hast. Mit dem, was du ablehnst. Mit dem, was du bist. Und wenn du bereit bist, ihn nicht zu töten, sondern zu hören – dann wird er dich lehren. Mit Flammen, mit Klauen, mit Zärtlichkeit. Und mit Humor.

Ja, das ist auch ein Aspekt von ihm: Der Drache lacht. Er tanzt. Er liebt. Er ist nicht bloß Transformation, er ist auch pure Lebensfreude – ein ekstatisches »Ja!« zur Tiefe, zur Wahrheit, zur Verbundenheit.

Weiterführende Literatur:

Bennett, C. (2010). *Cannabis and the Soma solution.* Walterville, OR: Trine Day.

Rätsch, C. (1998). *Enzyklopädie der psychoaktiven Pflanzen: Botanik, Ethnopharmakologie und Anwendungen.* Aarau: AT Verlag.

Schultes, R. E., & Hofmann, A. (1992). *Plants of the gods: Their sacred, healing, and hallucinogenic powers.* Rochester, VT: Healing Arts Press.

Cannabis als Sakrament – Eine neue Definition

Was wäre, wenn wir alles, was wir je über Cannabis gehört haben, über Bord werfen müssten? Wenn die uralte Hanfpflanze nicht bloß ein Schmerzmittel, kein Lifestyle-Produkt, kein Rauschmittel wäre, sondern ein lebendiges Bewusstseinswerkzeug?

Cannabis ist kein Freizeitspaß und kein bloßes Naturheilmittel. Sie ist eine Lehrerin. Eine Verbündete. Eine sakrale Intelligenz.

Wir brauchen eine neue Definition – eine, die nicht aus der Pharmabranche stammt oder aus politischen Debatten, sondern aus der Tiefe menschlicher Erfahrung. Eine Definition, die auf indigener Weisheit, spiritueller Praxis und moderner Neurobiologie beruht. Eine Definition, die Cannabis in den Raum zurückholt, den sie nie hätte verlassen sollen: den Raum der rituellen, heilenden und bewusstseinserweiternden Nutzung.

Was macht eine Pflanze »sakral«? Es ist nicht ihre chemische Struktur, sondern ihre Wirkung auf das Bewusstsein. Eine sakrale Pflanze ist ein Brückenwesen: Sie verbindet uns mit etwas Größerem. Sie ist kein Ersatz für Spiritualität, doch sie ist ein Weg hinein – so wie ein Tor keine Straße ist, aber das Hindurchgehen zur Reise gehört.

Cannabis wurde in vielen Kulturen verehrt: In Indien wurde sie Shiva geweiht, in alten chinesischen Texten galt sie als heilende Trägerin des Yin und in den Sufi-Traditionen vertiefte sie die mystische Innenschau.

Heute kehrt sie langsam in diesen Raum zurück – leise, aber bestimmt. Und mit ihr kommt die Möglichkeit, unser Verhältnis zu dieser Pflanze völlig neu zu denken.

Wenn du mit Cannabis arbeitest – bewusst, rituell, ausgerichtet – wirst du feststellen: Sie spricht zu dir. Nicht in Worten, sondern in Empfindungen, Bildern, Einsichten. Sie hilft dir, Blockaden zu lösen, Emotionen zu klären, deinen Atem zu vertiefen. Sie lädt dich ein, still zu werden.

Aber wie jedes Sakrament wirkt sie nicht automatisch. Ohne Respekt wird sie zur Falle, ohne Struktur wird sie zum Fluchtmittel. Darum sind Rituale und Intention entscheidend – und darum braucht es neue Wege, neue Schulen, neue Lehrer, die diese Arbeit begleiten: Menschen, die das alte Wissen mit Achtsamkeit verbinden.

Lass mich also einen Vorschlag machen. Vielleicht ist Cannabis keine Droge und kein Medikament. Vielleicht ist sie eine Bewusstseinsbrücke.

Eine sakrale Pflanze, ein Entheogen, das

- das menschliche Energiesystem aktiviert (insbesondere das Endocannabinoid-System),
- spirituelle Prozesse verstärken kann (wenn bewusst eingesetzt),
- emotionale und körperliche Heilung unterstützt,
- kreative und visionäre Zustände öffnet,
- und mit ihrer sanften, weiblichen Intelligenz den Körper und das Wesen des Menschen neu aufeinander abstimmt und in Kohärenz bringt.

Nicht jeder wird sie so erleben – das hängt davon ab, wie du ihr begegnest. Aber wenn du dich öffnest, das Ritual achtest, den Raum klärst, deinen Atem vertiefst, eine klare Intention setzt, dann wird sie dich berühren.

Wenn du Cannabis wirklich kennenlernst, spürst du ihre Intelligenz. Ich spreche hier nicht metaphorisch: Cannabis ist lebendig. Und sie weiß, wer du bist, wenn du mit ihr in Kontakt trittst.

Der Pflanzengeist – mehr als Mythos

In vielen indigenen Kulturen spricht man von »Pflanzengeistern«. Man begegnet einer Pflanze nicht wie einem Werkzeug, sondern wie einem Lehrer. Wenn du mit einer sakralen Pflanze arbeitest – sei es Ayahuasca, Tabak, Peyote oder eben Cannabis –, dann bist du in Beziehung mit einem Wesen: Du bittest um Erlaubnis, bringst ein Opfer, hörst zu.

Und genau das verändert alles.

Die Pflanze spricht nicht mit Worten. Sie spricht in Bildern, Körperempfindungen, Ahnungen. Du sitzt in Stille, nimmst deinen ersten Zug – und plötzlich verändert sich etwas: Dein inneres Feld wird durchlässiger, dein Denken weitet sich. Du hörst deinen Herzschlag, deinen Atem, den Raum zwischen den Gedanken. Das ist der Moment, in dem Cannabis dich berührt.

Vielleicht zeigt sie dir ein Bild aus deiner Kindheit. Vielleicht bringt sie eine alte Wunde nach oben. Vielleicht öffnet sie einfach dein Herz. Was sie dir zeigt, ist nicht immer angenehm – doch fast immer heilsam, wenn du bereit bist zu fühlen.

Das ist nicht bloß eine psychoaktive Wirkung. Es ist eine Form der Kommunikation.

Literatur:

Bennett, C. (2018). *Liber 420: Cannabis, Magickal Herbs and the Occult.* Walterville, OR: Trine Day.

Rätsch, C. (2001). *Pflanzen der Götter: Die magischen Kräfte der berauschenden Pflanzen.* Aarau: AT Verlag.

Wasson, R. G. (1968). *Soma: Divine Mushroom of Immortality.* New York, NY: Harcourt Brace Jovanovich.

Carhart-Harris, R. L., Leech, R., Hellyer, P. J., Shanahan, M., Feilding, A., Tagliazucchi, E., Chialvo, D. R., & Nutt, D. (2014). The entropic brain: A theory of conscious states informed by neuroimaging research with psychedelic drugs. *Frontiers in Human Neuroscience*, 8(20), 1–22. https://doi.org/10.3389/fnhum.2014.00020

Die weibliche Intelligenz der Pflanze

In meiner langjährigen Arbeit mit Cannabis habe ich immer wieder die gleiche Erfahrung gemacht: Die Pflanze hat eine weibliche Energie. Sie ist nährend, öffnend, sinnlich. Aber auch klar, konsequent, transformierend. Sie duldet keine Oberflächlichkeit – nicht, wenn du sie ernst nimmst. Sie wird dich immer zu deinem wahren Selbst zurückführen wollen. Und manchmal bedeutet das, durch die Dunkelheit hindurch.

In vielen Kulturen wurde Cannabis als Mutterpflanze verehrt. Ihre Form erinnert an einen ausgestreckten Arm, eine Hand, die sich dir entgegenstreckt. Ihre Wirkung erinnert an eine Umarmung – doch nicht immer eine zärtliche. Manchmal ist es die Umarmung einer Mutter, die sagt: »Komm endlich zur Ruhe. Hör auf zu fliehen. Sieh hin.«

Und ja – sie hat Humor. Wer Cannabis gut kennt, weiß: Sie ist verspielt. Sie liebt das Absurde, das Paradoxe, das Verrückte. Aber ihr Lachen ist nie spöttisch. Es ist das Lachen der Großen Mutter, die dich liebt, selbst wenn du dich gerade lächerlich machst.

Du kannst diesen Dialog nicht kontrollieren. Aber du kannst ihn gestalten: durch deine Intention, deine Haltung, deinen Raum. Wenn du mit Cannabis arbeitest wie mit einem Wesen – mit Respekt, Hingabe und Neugier –, dann öffnet sie dir Türen, von denen du nicht wusstest, dass es sie gibt.

Es gibt Pflanzen, die dich betäuben. Und es gibt Pflanzen, die dich wecken. Cannabis kann beides. Genau hier beginnt die eigentliche Arbeit: Cannabis nicht als Fluchtmittel, sondern als Werkzeug der Bewusstseinsarbeit zu begreifen mit klaren Absichten und einer Ausrichtung.

Das menschliche Bewusstsein ist kein Schalter, den man an- oder ausschaltet. Es ist ein Fluss, der ständig seine Richtung, Tiefe und Farbe verändert. Die meisten Menschen bewegen sich im Alltag im sogenannten »Beta-Wellen Zustand«: planend, wertend, oft getrieben.

Doch darunter gibt es tiefere Schichten: Alphawellen, Thetawellen, Deltawellen. Räume, in denen Heilung, Intuition, Vision und inneres Wissen auftauchen können. Räume, die stiller, weiter, langsamer sind.

Cannabis verändert nicht bloß deine Gedanken. Sie verändert deine Art zu fühlen, zu hören, zu spüren. Der Körper wird sensibler. Zeit dehnt sich. Die Schleier lüften sich.

Aber genau hier entscheidet sich alles: Gehst du mit? Oder driftest du ab? Wirst du Teilnehmer? Oder Zuschauer deines eigenen Innenlebens?

Die Pflanze als Spiegel

Cannabis wirkt nie einfach »neutral« – sie spiegelt. Wenn du ängstlich bist, zeigt sie dir Angst; wenn du offen bist, zeigt sie dir Wege; wenn du kontrollieren willst, konfrontiert sie dich mit Kontrollverlust.

Sie ist ehrlich. Und manchmal brutal ehrlich.

Diese Klarheit kann unbequem sein – aber sie ist auch heilsam. Denn Bewusstseinsarbeit beginnt dort, wo du bereit bist, alles zu sehen: das Schöne, das Schmerzhafte, das Unbekannte.

Transformation ist ein Prozess, kein Trip.

Viele Menschen hoffen auf einen »Durchbruch« – auf die große Vision, die Lösung, das Erwachen. Doch wahre Transformation geschieht in kleinen, stillen Schritten: nicht im Rausch, sondern in der Integration.

Cannabis kann dich dabei begleiten – wie eine weise Mentorin, die dich nicht lenkt, sondern dir den Spiegel hält. Die dich nicht festhält, aber dich schützt. Die dich immer wieder zu deinem inneren Kompass zurückführt.

Viele berichten unter Cannabis von Zuständen, die an Meditation erinnern, an Trance oder an tiefe therapeutische Prozesse – besonders dann, wenn sie atmen, spüren und das Geschehen nicht urteilen.

In solchen Momenten entsteht ein Ritual. Aus Konsum ein Kontakt. Aus einer Pflanze eine Kraft.

Und genau das ist Bewusstseinsarbeit mit Cannabis: ein ehrlicher, radikaler, heiliger Weg.

Der Ruf – Wenn die Pflanze dich findet

Nicht jeder Mensch ist bereit für die Arbeit mit der Pflanze. Und nicht jeder Moment im Leben ist dafür gemacht. Aber manchmal passiert es: Die Pflanze ruft dich.

Nicht laut, nicht dramatisch – eher wie ein inneres Ziehen. Eine Ahnung. Ein Satz, der dich trifft. Eine Begegnung, die bleibt. Du spürst: Da ist etwas. Da wartet etwas. Ich bin gemeint.

Der Ruf kommt nicht aus dem Kopf

Du kannst ihn nicht herbeidenken. Du kannst ihn nicht planen oder kaufen. Der Ruf ist kein Lifestyle – er ist ein innerer Impuls. Etwas in dir erinnert sich, dass da mehr ist.

Vielleicht hast du jahrelang konsumiert – aber nie wirklich zugehört. Oder du hast die Pflanze gemieden, und plötzlich kommt sie wieder in dein Feld. Oder du begegnest jemandem, der von ihr spricht, und etwas in dir wird wach.

Der Ruf fühlt sich oft an wie ein leiser Schock: Oh! Vielleicht ist das keine Substanz. Vielleicht ist das eine Lehrerin.

Wenn du gerufen wirst, beginnt etwas Neues

Nicht weil du ab sofort erleuchtet bist, sondern weil du eine Tür öffnest, die du nicht mehr schließen kannst. Ein neuer Blick entsteht, ein anderer Umgang, ein anderes Fragen.

Du beginnst, achtsamer zu werden:

- Was nehme ich da wirklich zu mir?
- Warum tue ich das?
- Was will die Pflanze mir zeigen?
- Bin ich bereit, zu fühlen, statt nur zu fliehen?

Und manchmal kommt der Ruf in der Krise:

- Nach einem Verlust.
- In einer Depression.
- In einem Moment der Leere – wenn nichts mehr hilft und du bereit wirst, tiefer zu gehen.

Die Pflanze ruft nicht, um dich zu retten., sondern um dich zu erinnern, dass du selbst der Weg bist.

Der Umgang mit dem Ruf

Was tun, wenn du ihn hörst?

Widersteh dem Drang, sofort zu konsumieren. Der Ruf ist keine Einladung zum Rausch – sondern zur Vorbereitung.

Hör zu: Vielleicht will die Pflanze dir sagen, dein Leben aufzuräumen, bevor du mich einlädst.

Informiere dich – nicht nur medizinisch, sondern auch energetisch, rituell, spirituell. Lerne von denen, die den Weg vor dir gegangen sind.

Schaffe Raum: Zeit, Stille, Rituale. Eine Umgebung, die deine Prozesse tragen kann.

Wisse: Du musst nicht antworten. Der Ruf ist ein Angebot – kein Befehl. Du kannst ihn annehmen – oder eben nicht.

Aber wenn du es tust, dann ganz.

Wenn du antwortest, beginnt der Weg

Wenn die Pflanze dich ruft, sagt sie nicht: »Ich mach das für dich.« Sie sagt: »Ich begleite dich. Aber gehen musst du selbst.«

Wenn du den Ruf wirklich annehmen willst, braucht es eine Entscheidung:

Hör auf mit dem oberflächlichen Kiffen.

Verpflichte dich dazu,Cannabis ab jetzt nur noch rituell und mit klarer Absicht zu nehmen. Schenke dir dafür besondere Räume – und finde sinnvolle Rhythmen, die dein Endocannabinoid-System nicht überstrapazieren, sondern dich stärken und körperlich, geistig und seelisch aufbauen.

Cannabis ist viel zu schade, um als Partydroge zu fungieren oder als Verdränger zu dienen. Sie möchte das Beste aus dir machen. Aber dafür braucht es dein Einverständnis, deine Beteiligung, deine bewusste Praxis.

Werde zu einem echten Drachenreiter, der seinen Drachen nährt, wenn er mit ihm wirklich fliegen will.

Literatur:

Eliade, M. (1951). *Shamanism: Archaic techniques of ecstasy.* Princeton University Press.

Harner, M. (1980). *The way of the shaman.* Harper & Row.

Die Kulturgeschichte der Heiligen Pflanze

Wenn wir heute auf Cannabis blicken, dann sehen wir oft nur die letzten Jahrhunderte: Verbote, medizinische Anwendungen, Freizeitkultur. Doch die Geschichte dieser Pflanze reicht unermesslich viel tiefer – weit zurück in geologische Zeitalter, in Zeiten und Räume, in denen weder Menschen noch ihre Kulturen existierten.

Cannabis ist kein Zufallsgewächs, sondern ist ein Überlebender – ein Wesen, das aus einer sehr alten Linie stammt, gemeinsam mit dem Hopfen, seinem botanischen Bruder. Vor fast 30 Millionen Jahren trennten sich ihre Wege. Seither entwickelte sich Cannabis zu einer Pflanze, die nicht nur Klimakatastrophen überstand, sondern sich in Eiszeiten und Wärmeschwankungen immer wieder neu anpasste.

Ursprung im Hochland

Die Spuren führen uns zum Nordosten des Tibetischen Plateaus, zum Qinghai-See. Dort, wo sich die ersten Grassteppen Asiens bildeten, begann der Weg des Grünen Drachen. Von hier aus breitete er sich wie von unsichtbarer Hand gelenkt nach Westen, Osten und Süden aus – sein Pollen taucht in fossilen Sedimenten in Russland, China und später auch in Indien auf. Lange bevor Menschen Ackerbau betrieben, wanderte Cannabis schon durch die Kontinente.

Vom wilden Kraut zur Kulturpflanze

Wildes Cannabis trug kleine Samen, die schnell zu Boden fielen und in unregelmäßigen Zyklen keimten. Doch der Mensch – suchend, beobachtend – begann, bestimmte Pflanzen zu bevorzugen: solche mit größeren Samen, die leichter zu ernten waren, solche, die verlässlicher sprossen. Über viele Generationen hinweg formten wir gemeinsam mit der Pflanze eine neue Gestalt.

Cannabis ist damit eine der ältesten Kulturpflanzen der Menschheit. Und das Faszinierende: Es geschah nicht nur an einem Ort. Verschiedene Völker in Eurasien – in China, Indien, im Vorderen Orient – erkannten unabhängig voneinander den Wert der Pflanze und begannen, sie zu kultivieren. Der Grüne Drache trat gleich an mehreren Schwellen in die Geschichte der Menschen ein.

Faser, Nahrung, Rausch

Schon vor 10 000 Jahren wurden die Samen gegessen – reich an Eiweiß und wertvollen Ölen. Vor etwa 5600 Jahren webte man aus den Fasern in China die ersten Textilien, Netze und Seile. Und vor rund 2700 Jahren beginnen die archäologischen Zeugnisse von ritueller, berauschender Nutzung: verbrannte Blüten in den Gräbern der Pamir-Region, ganze Cannabissträuße in Bestattungen des Tarimbeckens.

Aus dem Ursprungsland Tibet zog der Drache nach Osten in die Reiche Chinas, nach Süden nach Indien, nach Westen zu den Skythen, Griechen und später Römern. Mit den Schiffen der Entdecker segelte es in die Neue Welt. Mit den Sklaven, die gewaltsam über den Atlantik verschleppt wurden, wanderte auch das Wissen um Cannabis nach Brasilien und in die Karibik. In Afrika ist die Pflanze seit über 2000 Jahren Teil von Medizin und Ritualen – tief verwurzelt in den Heiltraditionen der Völker.

Die Pflanze war Nahrung für den Leib, Stoff für Kleidung und Netze, und zugleich ein Rauch, ein Trank, ein heiliges Kraut für die Seele.

Die sakrale Dimension

Wenn du heute mit dieser Pflanze arbeitest, trittst du in einen uralten Strom ein. Du bist nicht allein. Du stehst in einer Linie von Yogis, Schamanen, Mystikern und Heilern – mit all jenen, die die Pflanze als Tor zwischen den Welten verstanden.

Lass uns eintauchen.

Indien: Shiva und das Licht der Erkenntnis

In Indien gilt Cannabis (Ganja, Bhang) seit Jahrtausenden als heilig – eine Gabe Shivas. Shiva, der erste Yogi, sitzt in tiefer Meditation, umgeben vom Rauch. Er trägt das Chillum, das heilige Rauchrohr mit Ganja in seiner Hand. Es ist seine Pflanze, sein Feuer, sein Weg.

Die Sadhu-Yogis trinken Bhang, eine Cannabiszubereitung, zu Ehren Shivas – nicht zur Betäubung, sondern zur Öffnung. Denn sie wissen: Der Rausch ist kein Selbstzweck. Er ist ein Werkzeug zur Durchdringung der Maya – der Illusion.

Aus dieser Praxis dürfte das Chakrensystem entstanden sein – als Landkarte des Endocannabinoid-Systems.

China: Ma Gu, die Hanf-Jungfrau und das Elixier der Langlebigkeit

Im alten China begegnet uns Ma Gu, die »Hanf-Jungfrau«. Sie ist Göttin der Unsterblichkeit, Hüterin des ewigen Frühlings. Daoistische Alchemisten

Shiva, der erste Yogi

beschrieben, wie sie Cannabiswein darreicht – den Trank der langen Lebensspanne und der geistigen Klarheit.

Alchemistische Rauchmischungen mit Hanfharzen wurden genutzt, um mit Geistern zu kommunizieren – oder um die Grenzen zwischen Körper und Geist zu lösen.

Auch in der TCM wurde Cannabis zur Harmonisierung des Qi eingesetzt – unterstützend zur Akupunktur, als schmerzlinderndes, entspannendes Mittel.

Ägypten: Seshat, die siebenblättrige Göttin des Wissens

Im Land der Pyramiden wacht Seshat – Göttin des Schreibens, der Sterne, der Pflanzenweisheit. Ihr Emblem: ein siebenstrahliger Stern, den manche als Hanfblatt deuten.

Seshat, die siebenblättrige Göttin des Wissens

In der Tempelmagie war Cannabis vermutlich Bestandteil heiliger Räucherungen. Man nutzte es zur Schmerzlinderung, zur Beruhigung – und zur Öffnung des Orakelsinns.

Seshat war die Hüterin der »göttlichen Bibliothek«. Vielleicht war Hanf ihr Mittel der Erinnerung.

Iran: Haoma und die ekstatische Reinigung

Im Zoroastrismus trank man Haoma – ein rituelles Pflanzensakrament, das Klarheit, Reinigung und kosmische Verbindung schenken sollte. Welche Pflanzen dafür verwendet wurden, ist unklar – doch Funde aus alten Tempeln enthalten

Spuren von THC und Ephedrin. Cannabis könnte also Teil dieser Mischung gewesen sein, als Trägerin des Lichts im Menschen.

Der Trank war den Priestern vorbehalten; er war kein Genussmittel, sondern eine Brücke zu Ahura Mazda, zum höchsten Licht.

Sufismus: Haschisch, Herz und die ekstatische Liebe

Im Sufitum wurde Haschisch nicht verteufelt, sondern verfeinert. Er war das »grüne Gebet«, der »rauchende Freund«, wie manche Dichter schrieben.

Henri Corbin sprach von den »Haschisch-Esoterikern« – Sufi-Mystikern, die durch Rausch, Musik und Dichtung ihr Herz für die göttliche Liebe öffneten.

Haschisch wurde geräuchert, getrunken oder gegessen, doch immer in ritueller Form. Das Ziel war die Auflösung des Egos und das Erwachen und Aufblühen des Herzens für die göttliche Liebe.

Altes Israel: Keneh-Bosm und die Salbung der Auserwählten

Im Exodus wird Keneh-Bosm erwähnt – eine duftende Zutat des heiligen Salböls. Manche Forscher sehen darin Cannabis.

Dieses Öl war den Propheten, Könige und Priester vorbehalten; es machte sie zu den Gesalbten – Messias bedeutet: »Der Gesalbte«. Die Salbung war Sakrament, als Berührung mit dem Göttlichen. Archäologische Funde bestätigen THC-Rückstände auf Altären – ein stiller Hinweis auf die rituelle Verwendung der Pflanze.

Griechenland: Dionysos und das heilige Chaos

Dionysos, der Gott des Weins, der Ekstase und der Grenzauflösung, war in den geheimen Kulten Griechenlands allgegenwärtig. Besonders in den Ritualen der Frauen tauchten Hanfharze und Myrrhe auf – als Zutaten psychoaktiver Tränke.

Auch die Mysterien von Eleusis, die als Tore zur Unsterblichkeit galten, standen im Zeichen solcher heiligen Gebräue. Forscher vermuten, dass Cannabis Teil des Kykeon war, des Tranks, der die Teilnehmenden in andere Bewusstseinsräume führte.

Dionysos tanzte nicht bloß – er verwandelte. Und Cannabis war sein stiller Gehilfe.

Rom: Bacchus, Heilkunst und das Aromatische im Verborgenen

Die Römer übernahmen Bacchus aus Griechenland, doch der Kult wandelte sich. Neben der Ekstase trat nun auch die Heilkunst in den Vordergrund. Cannabis fand Eingang in die Medizin – gegen Schmerzen, bei Geburten und zur Förderung des Schlafs.

In privaten Mysterien wurde Cannabis verräuchert, meist diskret, aber wirksam. Das Wissen lebte weiter – verborgen unter den Schichten der Zeit.

Afrika: Schutz, Trance und das grüne Auge der Ahnen

Schon früh gelangte Cannabis nach Afrika. Heiler, Schamanen und spirituelle Führer nutzten die Pflanze in vielerlei Form – geraucht, getrunken, geräuchert. Man glaubte, sie helfe, mit Geistern zu sprechen, Heilrituale zu leiten und böse Kräfte zu vertreiben. Cannabis war dort nicht bloß Medizin, sondern eine spirituelle Instanz.

Amerika: Quetzalcoatl und die gefiederte Schlange

In den präkolumbianischen Kulturen ist Cannabis nicht belegt. Aber der Archetyp, dem es entspricht, ist da: Quetzalcoatl, die gefiederte Schlange. Sie verbindet Himmel und Erde, Materie und Geist.

So wie Cannabis die Kundalini weckt, weckten die regionalen Zauberpflanzen Quetzalcoatl im Bewusstsein der Menschen. Eine Spiegelung des Grünen Drachen – durch andere Pflanzen und Rituale, aber mit derselben Kraft.

Europa: Hexen, Flugsalben und das verlorene Wissen

Im Mittelalter war Cannabis Teil der grünen Heilkunde. Heilerinnen – später »Hexen« verunglimpft – nutzten es in Salben, bei Geburten und für Traumarbeit.

Mit der Inquisition jedoch wurde die Pflanze dämonisiert. Ihre Weisheit wurde verdrängt, ihr heilendes Wissen verbannt – und viele der Frauen, die es bewahrten, endeten auf dem Scheiterhaufen.

Moderne: Verbote, Kolonialmacht und spirituelles Vergessen

Im 19. und 20. Jahrhundert wurde Cannabis weltweit verboten. Koloniale Interessen, rassistische Narrative und wirtschaftliche Gier zerschnitten ihre Wurzeln. Was einst heilig war, wurde zur »Droge« erklärt. Die Götter verstummten.

Die Pflanze wurde verhöhnt und degradiert.

Heute kehrt der Grüne Drache zurück. Wenn du Cannabis ehrst, ehrst du zugleich jene Kräfte, die ihn seit Anbeginn begleiten:

Shiva – Ma Gu – Seshat – Haoma – Die Sufi-Heiligen - Die Propheten – Dionysos – Jesus – Quetzalcoatl – Die Ahnen

Sie alle sind Stimmen des Grünen Drachen. Und er fragt dich: Willst du erinnern – oder weiter vergessen?

Literatur:

Bennett, C. (2010). *Cannabis and the Soma Solution.* Walterville, OR: Trine Day.

Bennett, C. (2018). *Liber 420: Cannabis, Magickal Herbs and the Occult.* Walterville, OR: Trine Day.

Herodot. (1990). *Historien* (U. Wilamowitz-Moellendorff, Hrsg.; Originalwerk ca. 430 v. Chr.). Stuttgart: Reclam.

Arie, E., Rosen, B., Namdar, D. & Finkelstein, I. (2020). *Cannabis and Frankincense at the Judahite Shrine of Arad.* Tel Aviv, 47(1), 5–28. https://doi.org/10.1080/03344355.2020.1732046

Mylonas, G. (1961). *Eleusis and the Eleusinian mysteries.* Princeton, NJ: Princeton University Press.

Wasson, R. G., Ruck, C. A. P. & Hofmann, A. (1978). *The Road to Eleusis: Unveiling the Secret of the Mysteries.* New York, NY: Harcourt.

Rätsch, C. (1998). *Enzyklopädie der psychoaktiven Pflanzen.* Aarau: AT Verlag

TEIL 2

Das Endocannabinoid-System

Botschafter zwischen den Welten

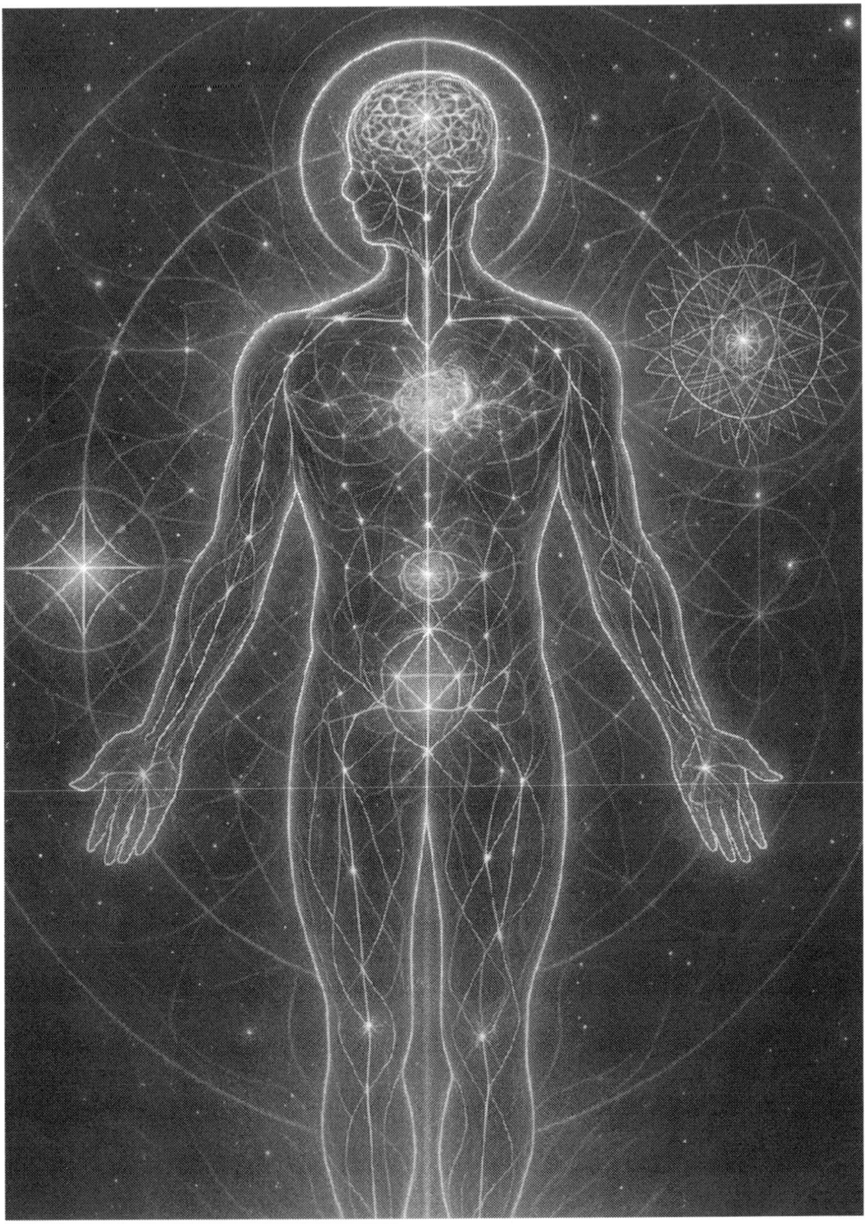

Das Endocannabinoid-System – Die verborgene Brücke zwischen Biologie und Bewusstsein

Wenn wir das Endocannabinoid-System (ECS) betrachten, entdecken wir eines der faszinierendsten Netzwerke des menschlichen Körpers. Es ist nicht nur ein biologisches Regulationssystem, sondern auch ein Tor zu tieferen Dimensionen unseres Bewusstseins. Das ECS verbindet Molekül und Mystik, Körper und Geist, Materie und Energie.

Seine Entdeckung in den 1980er- und 90er-Jahren war ein Zufall. Forscher wollten verstehen, wie THC wirkt – und stießen dabei auf ein bislang unbekanntes System. Heute wissen wir: Dieses Netzwerk von Rezeptoren (CB1, CB2 und weitere), körpereigenen Botenstoffen – den Endocannabinoiden wie Anandamid und 2-AG – sowie regulierenden Enzymen steuert die Homöostase, also das Gleichgewicht unseres Organismus. Es reguliert u.a. Schlaf, Appetit, Schmerz, Immunsystem, Emotionen und neuronale Plastizität.

Der innere Schlüssel und die äußere Pflanze

Das Endocannabinoid-System arbeitet mit Schlüsseln (Endocannabinoiden), Schlössern (Rezeptoren) und einem Aufräumdienst (Enzyme, die Signale beenden). Auffällig ist, dass die wichtigsten endogenen Moleküle wie Anandamid nicht auf Vorrat gespeichert, sondern »on demand« gebildet werden. Sie wirken präzise und subtil – eher ein Flüstern als ein Rufen.

Cannabis, die Lehrerpflanze, dockt mit seinen Phytocannabinoiden (THC, CBD, CBG u. a.) genau an dieses System an. THC aktiviert stark, CBD moduliert sanft und schützt vor Übersteuerung. Beide wirken wie Yin und Yang – Shiva und Shakti – in einem dynamischen Tanz.

Das erweiterte Endocannabinoidom

Heute wissen wir, dass das ECS weit mehr umfasst als nur die Rezeptoren CB1 und CB2. Zum Netzwerk gehören auch TRP-Kanäle wie TRPV1 (bekannt als Sensor für Chili-Schärfe), der Rezeptor GPR55 – möglicherweise ein dritter Cannabinoidrezeptor – sowie nukleäre Rezeptoren wie PPARs. Sie verbinden das Cannabinoidsystem mit Schmerzempfinden, Temperatur, Genregulation und Energiehaushalt. Damit wird deutlich: Das ECS ist keine Nische, sondern ein universelles Regelsystem.

Spirituelle Dimensionen des Endocannabinoid-Systems

Hier öffnet sich der Blick auf den Weg des Grünen Drachen. Dein ECS ist nicht nur Biologie – es ist auch ein spirituelles System.Es antwortet nicht nur auf Substanzen, sondern auch auf Intention, Atem und Bewusstsein.

Es spiegelt alte Landkarten wie Chakren, Meridiane und die Kabbalah und reagiert auf Frequenzen, Klang und innere Ausrichtung.

So entsteht eine Brücke zwischen uralten spirituellen Modellen und moderner Biochemie. Wenn Yogis von Prana sprechen – oder taoistische Ärzte vom Qi –, beschreiben sie womöglich genau jene Dynamik, die wir heute im ECS messen können.

Cannabinoide als Botschafter

Die Cannabinoide sind mehr als Wirkstoffe – sie sind Botschafter. Zwischen Pflanze und Mensch. Zwischen deinem Körper und deinem Bewusstsein.

Wer das erkennt, hört auf, Cannabis nur als »Droge« zu sehen. Stattdessen wird es zu dem, was es sein kann: ein Kommunikationsmedium, ein Werkzeug der Selbsterkenntnis, ein Verstärker innerer Balance – oder auch ein Impulsgeber für bewusstseinserweiternde Prozesse.

THC und CBD – das Polaritätsprinzip

Innerhalb der Hanfpflanze existieren über 120 verschiedene Cannabinoide, doch die bekanntesten sind THC und CBD.

Chemisch fast identisch – und doch wirken sie wie zwei Gegenspieler:

THC aktiviert: Es öffnet Tore ins Unbewusste, bringt Bewegung, Auflösung, Trance. Es kann Ängste an die Oberfläche bringen – oder Visionen. Es ist der Transformator, das Feuer, der Aufstieg.

CBD beruhigt: Es klärt, stabilisiert, integriert. Es lindert Angst, fördert Erdung und Harmonie. Es ist der Balancer, das Wasser, die Rückkehr.

Ich nenne das das Polaritätsprinzip:

Ohne THC keine Öffnung. Ohne CBD keine Integration.

Das ist mehr als Pharmakologie. Es ist eine Form von Alchemie.

Das ECS ist kein isoliertes System. Es ist vernetzt – mit deinem Nervensystem, deinem Hormonsystem, deinem Immunsystem und deiner emotionalen Matrix. Und es ist offen für äußere Einflüsse. Denn wir stehen ständig in Austausch: mit anderen Menschen, mit der Natur, mit den Rhythmen der Erde.

Cannabis ist ein Teil dieser Natur. Es ist so gebaut, dass es mit unserem inneren System kommunizieren kann.

Du kannst das als Biochemie verstehen – oder als spirituelles Organ, das dich einlädt, dich wieder als Teil eines lebendigen Kosmos zu erfahren.

Cannabis kann auf diesem Weg zu einem Weggefährten deiner Selbsterkenntnis werden. Zu einem Lehrer für Balance, Tiefe und Bewusstsein.

Literatur:

Mechoulam, R., Devane, W. & Hanus, L. (1992). Isolation, structure, and partial synthesis of anandamide, a brain constituent that binds to the cannabinoid receptor. *Science, 258* (5090), 1946–1949. https://doi.org/10.1126/science.1470919

Di Marzo, V. (2009). The endocannabinoid system: A bridge between the body and the soul. *Nature Reviews Neuroscience*, 10(11), 784–797. https://doi.org/10.1038/nrn2738

Pacher, P., Bátkai, S. & Kunos, G. (2006). The endocannabinoid system as an emerging target of pharmacotherapy. *Pharmacological Reviews*, 58(3), 389–462. https://doi.org/10.1124/pr.58.3.2

Pertwee, R. G. (Hrsg.). (2014). *Handbook of cannabis*. Oxford: Oxford University Press.

Russo, E. B. (2016). Clinical endocannabinoid deficiency reconsidered: Current research supports the theory in migraine, fibromyalgia, irritable bowel, and other treatment-resistant syndromes. *Cannabis and Cannabinoid Research*, 1(1), 154–165. https://doi.org/10.1089/can.2016.0009

Die Zirbeldrüse – das Auge des Endocannabinoid-Systems

Die Zirbeldrüse – lateinisch *Glandula pinealis* – liegt tief verborgen im Zentrum deines Gehirns. In vielen spirituellen Traditionen gilt sie als das »Dritte Auge«, als Schnittstelle zwischen physischer und feinstofflicher Welt. Manche nennen sie das Auge des Horus, andere sehen in ihr ein biologisches Empfangsorgan für kosmisches Bewusstsein.

Doch was ist an dieser kleinen Drüse so besonders? Biologisch betrachtet ist sie kaum größer als ein Reiskorn, aber sie gehört zu den ältesten Teilen unseres Gehirns. Ihre Hauptfunktion liegt in der Regulation des Tag-Nacht-Rhythmus über die Produktion von Melatonin.

Darüber hinaus weist sie faszinierende Eigenschaften auf: Die Zirbeldrüse enthält kristalline Strukturen aus Hydroxyapatit, die piezoelektrisch reagieren – das heißt, sie erzeugen elektrische Signale, wenn sie mechanischem Druck oder Vibration ausgesetzt sind. Manche Forscher vermuten sogar, dass sie Licht nicht nur über die Augen, sondern auch über innere Reizleitungen wahrnehmen kann.

Der Neurowissenschaftler Joe Dispenza beschreibt in diesem Zusammenhang eine Technik, bei der durch gezielte Atemarbeit entlang der Wirbelsäule die Energie bewusst zur Zirbeldrüse geführt wird. Durch dieses »Squeezen« der Drüse, so seine These, kann ein elektromagnetischer Impuls entstehen, der das Zentrum aktiviert – vergleichbar mit einer inneren Zündung.

Diese Praxis findet sich in vielen spirituellen Systemen wieder: Im Yoga spricht man von der Kundalini, die vom Becken aufsteigt. In der daoistischen Alchemie wird ein Energiekreislauf beschrieben, der entlang der Wirbelsäule verläuft. Und auch in der westlichen Hermetik existieren Lehren, die von diesem inneren Feuer berichten.

Cannabis kann diese Prozesse unterstützen. Es entspannt die Lunge, öffnet das Nervensystem und erweitert das Bewusstsein. In Kombination mit bewusstem, rhythmischem Atmen können dadurch innere Energiezentren aktiviert werden. Die Zirbeldrüse fungiert hier wie ein Resonanzkörper, der auf Schwingung, Atem und Bewusstsein antwortet.

Cannabinoide wirken dabei möglicherweise auf den elektromagnetischen Zustand der Zirbeldrüse ein – besonders in Verbindung mit Pranayama, Trance-Rhythmen, Visualisierungen oder Aromatherapie.

Neuere Hypothesen gehen noch einen Schritt weiter: Es wird vermutet, dass die Zirbeldrüse auch Dimethyltryptamin (DMT) produzieren kann – ein körpereigenes Psychedelikum, das eventuell in besonders intensiven Bewusstseinszuständen wie Geburt, Nahtoderfahrungen bzw. tiefer Meditation ausgeschüttet wird. DMT wurde in Spuren im Gehirn von Nagern nachgewiesen, ein endgültiger Nachweis der Produktion in der menschlichen Zirbeldrüse steht allerdings noch aus.

Doch was berichten Menschen in der Praxis? Viele erleben während intensiver Atemsitzungen – etwa beim holotropen Atmen oder bei bestimmten Pranayama-Techniken – lichtvolle Visionen, transzendente Einsichten und Zustände, die an psychedelische Erfahrungen erinnern. Wenn zu dieser Atmung Cannabis hinzukommt, berichten einige von einer nochmaligen Verstärkung dieser Effekte: schärfere Wahrnehmung, klare innere Bilder, ein Gefühl des »Durchdrungen-Seins« vom Kosmos.

Eine plausible Erklärung könnte sein, dass Cannabis die neuronale Offenheit und emotionale Durchlässigkeit erhöht. Gleichzeitig aktiviert die intensive Atmung physiologische Mechanismen – etwa durch den CO_2-Abfall und Druck auf das limbische System–, die eine spontane DMT-Ausschüttung begünstigen könnten. In Kombination könnten diese beiden Elemente, Pflanze und Atem, also wie ein spiritueller Schlüssel wirken, der ein verborgenes biochemisches Tor öffnet.

Ob DMT dabei tatsächlich ausgeschüttet wird, lässt sich aktuell nicht mit Sicherheit sagen. Aber eines ist sicher: Die Kombination von bewusster Atmung und Cannabis führt oft in Räume, die sonst nur mit Hilfe starker entheogener Substanzen erreicht werden. Und vielleicht – ganz vielleicht – nutzt der Körper dabei seine eigene »Apotheke des Lichts«.

Du kannst dir die Zirbeldrüse also vorstellen wie ein inneres Auge – nicht nur ein Sehorgan, sondern ein Wahrnehmungsorgan für höhere Dimensionen. Sie hilft dir, zwischen Realitätsebenen zu wechseln, archetypische Bilder zu empfangen, intuitives Wissen zu aktivieren oder in luzide Träume und Visionen einzutreten. Cannabis fungiert hier als unterstützender Verbündeter. Nicht weil es Visionen hervorbringt, sondern weil es innere Filter entfernt – und dich klarer sehen lässt, was ohnehin schon in dir lebendig ist.

Literatur:

Eliade, M. (1969). *Yoga: Immortality and Freedom*. Princeton, NJ: Princeton University Press.

Arendt, J. (1998). Melatonin and the pineal gland: Influence on mammalian seasonal and circadian physiology. *Reviews of Reproduction*, 3(1), 13–22. https://doi.org/10.1530/ror.0.0030013

Baconnier, S., Lang, S. B., Polomska, M., Hilczer, B., Berkovic, G. & Meshulam, G. (2002). Calcite microcrystals in the pineal gland of the human brain: First physical and chemical studies. *Bioelectromagnetics*, 23(7), 488–495. https://doi.org/10.1002/bem.10036

Pacher, P., Bátkai, S. & Kunos, G. (2006). The endocannabinoid system as an emerging target of pharmacotherapy. *Pharmacological Reviews*, 58(3), 389–462.

Strassman, R. (2001). DMT: *The Spirit Molecule*. Rochester, VT: Park Street Press.

Grof, S. (2008). *Psychologie der Zukunft: Lektionen aus moderner Bewusstseinsforschung*. Freiburg: Arbor.

Carhart-Harris, R. L. & Friston, K. J. (2019). REBUS and the anarchic brain: Toward a unified model of the brain action of psychedelics. *Pharmacological Reviews*, 71(3), 316–344.

Di Marzo, V. (2009). The endocannabinoid system: A bridge between the body and the soul. *Nature Reviews Neuroscience*, 10(11), 78

Heilige Landkarten

Wenn du dich auf die Reise mit dem Grünen Drachen begibst, dann brauchst du Landkarten, die dir Wege zeigen, wie du tiefer in die Mysterien des Endocannabinoid-Systems einsteigen kannst. Diese Landkarten gibt es und sie sind uralt – geschaffen von den Yogis und Schamanen Asiens, die ein tiefes Verständnis des Energiekörpers besaßen. Sie enthalten Schlüssel und Hinweise, Codes und Symbole, Bilder und Vibrationen, die dir helfen können, in der Komplexität deines Unterbewusstseins zu navigieren.

Denn plötzlich beginnen Systeme in dir zu sprechen, die du früher vielleicht nicht wahrgenommen hast. Du spürst Schwingungen, Strömungen, Öffnungen. Und es ist, als würden sich diese alten Landkarten in deinem Inneren entfalten.

Die Yogis nennen sie Chakren.

Die Kabbalisten sehen darin die Pfade des Lebensbaums.

Die Heilkundigen im alten China sprechen von Meridianen oder Energiekanälen.

Chakren – Tore des Bewusstseins

Beginnen wir mit dem, was viele bereits kennen: die sieben Hauptchakren des indischen Yogasystems. Vom Wurzelchakra im Becken bis zur Krone über deinem Haupt ziehen sich diese Energiezentren wie ein leuchtender Pfad durch deinen Körper.

Jedes Chakra steht für einen bestimmten Aspekt deines Seins:

- Wurzelchakra (Muladhara): Sicherheit, Erdung
- Sakralchakra (Svadhisthana): Lust, Kreativität
- Solarplexus (Manipura): Wille, Kraft
- Herzchakra (Anahata): Liebe, Mitgefühl
- Kehlchakra (Vishuddha): Ausdruck, Kommunikation
- Stirnchakra (Ajna): Intuition, Einsicht
- Kronenchakra (Sahasrara): Verbindung zum Göttlichen

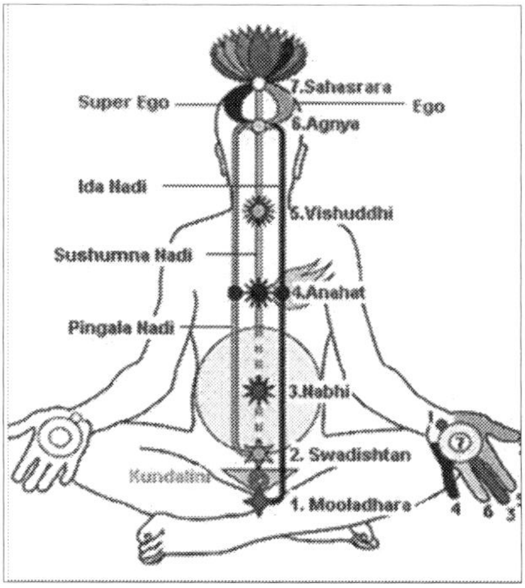

Die Anordnung der Chakren

Sie sind wie ein Lichtleiter zwischen Energie und Materie. Sie übersetzen Gefühl in Botenstoff, Bewusstsein in Biologie. Die Chakren sind die Schnittstelle, wie Apps, für unsere Endocannabinoid-System – und wenn du mit ihnen in Verbindung mit Cannabis arbeitest, entführen sie dich tief in ihre magische Welt.

Die Kabbalah – der Lebensbaum als neuronales Netz

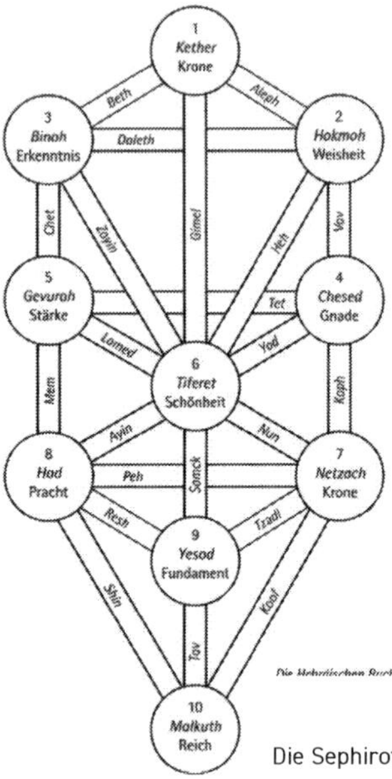

Die Sephiroth

Und nun zur jüdischen Mystik – zur Kabbalah: Hier finden wir den berühmten Baum des Lebens mit seinen zehn Sephiroth (Sphären) und zweiundzwanzig Pfaden. Dieser Baum beschreibt kein anatomisches Organ, sondern ein Modell des Bewusstseins – den Weg vom Irdischen ins Göttliche.

Er beginnt bei Malkuth – der Erde – und führt über Stationen wie Yesod (Unterbewusstsein), Tiferet (Herz, Schönheit) und Binah (Verstehen) bis zu Kether – der Krone, der göttlichen Quelle.

Die Sephiroth sind wie neuronale Cluster von Wahrnehmung und Resonanz.

Die Pfade zwischen ihnen – das sind die neurochemischen und elektrischen Bahnen, die unser inneres Lichtnetz durchqueren.

Und die »Schlange«, die den Baum hinaufsteigt, ist vielleicht nichts anderes als der aktivierte grüne Drache in dir, die Kundalini deiner endogenen Alchemie.

Die Meridiane – Kanäle des Qi

Auch in der traditionellen chinesischen Medizin finden wir ein solches System: die Meridiane. Es sind unsichtbare Bahnen, durch die das Qi – die Lebensenergie – fließt. Jeder Meridian ist einem Organ zugeordnet, aber nicht auf anatomische Weise, sondern auf funktionale und energetische Weise.

- Sie durchziehen den ganzen Körper – von der Haut bis ins Gehirn.
- Sie sind nicht auf feste Leitungsbahnen beschränkt, sondern wirken netzartig.
- Sie beeinflussen Energiehaushalt, Immunsystem, Schmerz, Emotion und Bewusstsein.

Und hier wird es spannend: In alten chinesischen Texten finden sich Hinweise darauf, dass Cannabis zur Stimulierung der Meridiane genutzt wurde – insbesondere in Verbindung mit Akupunktur.

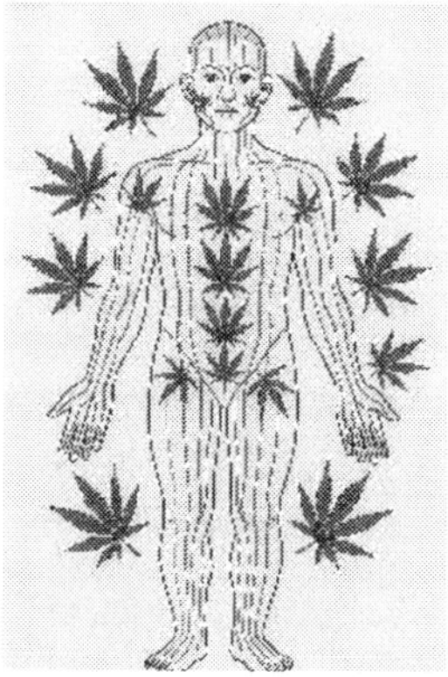

Meridiane

Ich denke: Das ist kein Zufall.

Der Unterschied liegt nur in der Sprache.

Die Chinesen sprachen von Yin und Yang, von Qi und Xue – wir sprechen heute von THC und CBD, von Rezeptoren, Liganden und Neurotransmittern. Aber die Erfahrung ist dieselbe: Ein Zustand des Fließens, der inneren Kohärenz, der Resonanz mit dem Leben.

Was ich sagen will: Diese drei Systeme – Chakren, Kabbalah, Meridiane – sind alte Karten, Programme. Sie machen das Unsichtbare sichtbar und helfen dem Geist, unbewusster Körperprozesse zu regulieren.

Wenn du also das nächste Mal atmest, lauschst, meditierst oder mit Cannabis arbeitest – erinnere dich:

Du trittst in ein uraltes Netz ein. Ein Netz, das dich mit allem verbindet – und in dessen Mitte du leuchtest wie ein Knoten aus Bewusstsein und Licht.

Und wenn du die Software kennst, kannst du dich neu programmieren.

Literatur:

Eliade, M. (1969). *Yoga: Immortality and Freedom*. Princeton University Press.

MAPS (2020). *Integration in Psychedelic Therapy*. MAPS Bulletin.

Scholem, G. (1974). *Kabbalah*. Dorset Press.

Cannabinoide – die Nahrung der Götter

Kein Gott steigt direkt in die Materie herab – er sendet Vorboten, Schwingungen, Übersetzer. Und genau das sind Cannabinoide: Botschafter zwischen den Welten, Substanz gewordene Frequenz, Alchemisten im Tempel deines Körpers.

Wenn du beginnst, Cannabis auf einer tieferen Ebene zu erfahren – jenseits von Konsum und Wirkung – öffnet sich eine Welt in dir, die aus Kommunikation besteht. Nicht im rationalen Sinn, sondern in einer Form, die du fühlst. Dein Körper spricht. Deine Zellen lauschen. Deine Energien beginnen sich zu bewegen.

Die Sprache, die hier gesprochen wird, besteht nicht aus Wörtern. Sie entsteht aus Vibrationen, aus chemischen Codes, aus energetischer Intelligenz. Und in dieser Sprache sind Cannabinoide die Silben, die Runen, die Mantren.

In der Logik des lebendigen Tempels wirken die Cannabinoide wie Übersetzer zwischen Geist und Körper. Sie übertragen das, was die Archetypen – jene Urbilder des Bewusstseins – vermitteln wollen, in biologische Realität. Sie sind wie Gehilfen der göttlichen Kräfte, die sich in dir verkörpern wollen. Sie bringen diese Signaturen in Bewegung und lassen sie in Zellen, Nerven und Hormonen konkret werden.

Sie öffnen Türen, entschlüsseln Informationen, leiten Energie um, lösen Blockaden und aktivieren neue Netzwerke.

THC und CBD – Shiva und Shakti in Pflanzengestalt

Die beiden bekanntesten Cannabinoide sind nicht bloß Wirkstoffe – sie sind Archetypen in molekularer Gestalt.

THC ist der ekstatische Aufbrecher: Er wirkt wie Shiva – transformierend, entgrenzend, visionär. Er zerstört alte Muster, ruft zum Wandel, reißt Schleier weg. Wer mit THC arbeitet, begegnet nicht selten sich selbst in neuer, radikaler Tiefe.

CBD ist die heilende Integration: Sie wirkt wie Shakti – ordnend, empfangend, balancierend. Sie hält den Raum, den THC aufreißt. Sie führt zurück in den Körper, in die Geborgenheit, in das Nervensystem. Ohne sie wäre der Flug instabil.

Im medizinischen Modell gelten Cannabinoide als Neurotransmitter oder Modulatoren. Doch was, wenn sie mehr sind? Was, wenn sie keine bloßen chemischen Signale, sondern Ausdrucksformen geistiger Information sind? Was, wenn sie nicht bloß Synapsen überbrücken – sondern Dimensionen?

Dann sind Cannabinoide nicht einfach Moleküle, dann sind sie:

- Bewusstseinsvermittler
- energetische Signaturen
- Katalysatoren der archetypischen Inkarnation

Sie strukturieren nicht bloß dein Nervensystem, sondern auch deine spirituelle Identität. Sie modulieren dein Ich, deine Empfänglichkeit, deine Resonanz mit dem Kosmos.

In dieser Sicht ist jede Begegnung mit Cannabis ein alchemistischer Akt. Du kombinierst Materie mit Bewusstsein, Substanz mit Intention, Frequenz mit Form.

Du atmest und veränderst dich.
Du lauschst und beginnst zu empfangen.
Du spürst – und erkennst: Du bist nicht passiv.
Du bist Mitschöpfer deines inneren Erlebens.

Die Cannabinoide sind deine Helfer in diesem Labor. Sie bringen die Werkzeuge, zünden Reaktionen an und leiten die Transformation vom Bleiernen zum Goldenen ein – wenn du bereit bist, hinzuschauen, dich zu öffnen und dich zu wandeln.

Sie füttern das Feld. Sie beleben die Matrix. Sie weichen Blockaden auf, damit das, was in dir einziehen will, auch wirklich Platz nehmen kann.

Man könnte sagen: Cannabinoide nähren nicht bloß dich – sie nähren die Archetypen, die Götter in dir.

THC schenkt: Feuer, Entgrenzung, Öffnung – Nahrung für ekstatische, transzendente Archetypen wie Shiva, Dionysos oder Quetzalcoatl.

CBD schenkt: Stabilität, Geborgenheit, Koordination – Nahrung für integrierende, heilende Kräfte wie Maria, Isis, Jesus oder der innere Heiler.

Manche Cannabinoide wirken wie Schlüssel, andere wie Brücken

Sie öffnen Türen, halten Räume oder weihen sie ein. Und je bewusster du mit ihnen arbeitest, desto klarer wird: Nicht du kontrollierst die Substanz – sondern du bereitest den Tempel, damit sie ihre wahre Wirkung entfalten kann.

Wenn du Cannabinoide nicht bloß als chemische Substanz, sondern als heilige Nahrung verstehst – Nahrung für dein Energiesystem und für die Archetypen,

Spirituelle Qualitäten der wichtigsten Cannabinoide

Cannabinoid	Chemischer Typ	Mögliche Wirkung	Archetypische Entsprechung	Spiritueller Aspekt
THC	Hauptcannabinoid	psychoaktiv, auflösend, visionär, ekstatisch	Shiva – Der Auflöser	Trance, Zerstörung alter Muster, Initiation
CBD	Hauptcannabinoid	angstlösend, stabilisierend, körperzentrierend	Shakti – Die Heilerin	Erdung, Integration, Seelenrückführung
CBG	Vorläufermolekül	fokussierend, neuroprotektiv, motivierend	Hermes – Der Bote	Aktivierung des Bewusstseins, Kommunikation
CBN	Oxidationsprodukt von THC	sedierend, schlaffördernd, regenerativ	Thanatos / Mahakala – Der Hüter der Schwelle	Traumzugang, Übergänge, Schattenarbeit
CBC	Neben-Cannabinoid	stimmungsaufhellend, entzündungshemmend	Jesus / Christuslicht	Herzöffnung, mitfühlende Kohärenz
THCV	Variantenform von THC	appetitzügelnd, klar machend, energetisierend	Krieger – Der wachsame Drache	Willenskraft, scharfer Fokus, Schutzinstinkt
CBDV	Variantenform von CBD	antiepileptisch, beruhigend bei Reizüberflutung	Pflanzenmutter / Erdgöttin	Regulation, Halt, Fürsorge
Δ8-THC	Isomer von THC	sanft psychoaktiv, angstdämpfend	Dionysos in leichter Form	Lustvolle Entgrenzung, Tanz
CNG (Cannabigerol-Neutral)	seltenes Vorstufenprodukt	weitgehend unerforscht, möglicherweise "neutralisierend«	Merkur / Alchemist	Verbindung, neutrale Mitte, Harmonisierung von Polaritäten

die dich führen wollen, dann verändert sich alles. Du trittst ein in ein neues Verhältnis: – nicht von Wirkung, sondern von Beziehung.

Dann wird Freizeitkonsum langweilig und der moderne medizinische Umgang dilettantisch.

Hier ist eine Übersichtstabelle zu den wichtigsten Cannabinoiden, ihren physiologischen Wirkungen und spirituellen Qualitäten – inklusive der bevorzugten Archetypen, die sie unterstützen oder aktivieren können.

Literatur:

Calder, P. C. (2015). Marine omega-3 fatty acids. *Biochimica et Biophysica Acta*, 1851(4), 469–484.

Gröber, U. (2011). *Mikronährstoffe*. Wissenschaftliche Verlagsgesellschaft.

Pertwee, R. G. (Hrsg.). (2014). *Handbook of Cannabis*. Oxford University Press.

Russo, E. B. (2016). Clinical endocannabinoid deficiency reconsidered. *Cannabis and Cannabinoid Research*, 1(1), 154–165

Die fünf Selbste

Der Weg des Grünen Drachen ist nicht nur ein Weg der Pflanze. Er ist ein Weg zu dir selbst – zu all deinen Facetten. Viele spirituelle Traditionen, darunter die alten Lehren Indiens, kennen die Vorstellung, dass der Mensch aus mehreren Selbst-Ebenen besteht. In der hinduistischen Symbolik tragen die vier Köpfe des Schöpfergottes Brahma jeweils eines dieser Selbst in sich: das emotionale, das mentale, das körperliche und das intuitive Selbst.

Diese vier Selbste bilden zusammen das Gefäß, durch das deine Lebenskraft fließt. Je mehr sie miteinander verbunden sind, desto vollständiger erlebst du dich selbst. Cannabis – bewusst eingesetzt – kann dabei helfen, diese vier Selbste zu befreien, zu stärken und in Einklang zu bringen.

1. Das emotionale Selbst – Fühlen ist Freiheit

Dein emotionales Selbst ist dein inneres Kind, dein spontanes Herz, deine seelische Stimme. Es wächst und heilt, wenn du bereit bist, alle Gefühle zuzulassen – nicht nur Freude oder Liebe, sondern auch Angst, Wut, Trauer oder Trotz.

Es geht nicht darum, dich in deinen Gefühlen zu verlieren, sondern sie anzuerkennen, durch dich hindurchfließen zu lassen, ihnen Raum zu geben – ohne ihnen das Steuer zu überlassen.

Wenn du lernst, deine Gefühle zu benennen, zu zeigen und auf gesunde Weise auszudrücken, wird dein innerer Fluss wieder lebendig. Dein Vertrauen in dich selbst wächst.

Und du wirst spüren: Gefühle sind keine Feinde – sie sind Wegweiser.

2. Das mentale Selbst – der klare Spiegel deines Geistes

Dein mentales Selbst ist nicht nur einfach dein Denken. Es ist der Raum, in dem sich Erkenntnis, Intelligenz und Ausrichtung entfalten. In der Tiefe gleicht es einem leeren Spiegel – je stiller du wirst, desto klarer erkennst du, was ist. Meditation ist der Schlüssel zu diesem Raum. Nicht Grübeln, nicht Analysieren, sondern das stille Lauschen. Das mentale Selbst entwickelt sich nicht durch das Anhäufen von Wissen, sondern durch geistige Präsenz.

Frage dich ehrlich: Warum willst du Cannabis nutzen? Zur Ablenkung oder zur Erkenntnis? Zur Entspannung oder zur Entfaltung deiner inneren Kräfte? Für Kreativität, für Heilung, für Protest? Es gibt kein »richtig« oder »falsch« – aber es gibt Klarheit. Und sie beginnt mit Selbst-Ehrlichkeit. Energie folgt der

Aufmerksamkeit und ohne Ziel keine Richtung. Das mentale Selbst richtet deinen inneren Kompass aus.

3. Das körperliche Selbst – Intelligenz in Bewegung

Dein Körper ist mehr als Materie. Er ist ein Bewusstseinsorgan, ein Träger uralter Intelligenz. In ihm sind Bewegungsmuster gespeichert, die bis zu den Ursprüngen des Lebens zurückreichen – manchmal aktiviert durch Trauma, durch Todesangst oder durch tiefe Berührung.

Wenn du dich bewegst – frei, spontan, ungezwungen –, beginnt dein körperliches Selbst zu sprechen.

Ob durch Yoga, Tanz, Atem, Tai Chi oder einfaches Gehen in der Natur: Alles, was deinen Körper atmen und fließen lässt, stärkt deine Körperpräsenz. Cannabis kann durch seine lösenden, entspannenden Eigenschaften helfen, alte Spannungen zu lösen, Panzerungen zu schmelzen.

Dein Körper beginnt zu singen – und dieses Lied ist dein ureigener Rhythmus.

4. Das intuitive Selbst – die Stimme deiner Tiefe

Intuition ist keine Eingebung von außen. Sie ist die leise Stimme in dir – die weiß, bevor du denkst. Sie entsteht aus der Verbindung der anderen drei Selbste, wenn Gefühl, Verstand und Körper in Einklang sind.

Das intuitive Selbst führt dich durch innere Bilder, Ahnungen, Träume und Impulse. Es ist dein innerer Schamane, dein Seelennavigator.

In der Stille, in der Präsenz, im Lauschen wächst dieses Selbst. Und wenn du ihm vertraust, wirst du geführt – nicht von äußeren Regeln, sondern von einer inneren Weisheit, die älter ist als Worte.

Die Vereinigung – Das authentische Selbst

Wenn die vier Selbste beginnen, miteinander in Resonanz zu treten – das emotionale, das mentale, das körperliche und das intuitive Selbst – dann entsteht eine neue Qualität in deinem Erleben: eine tiefere Stimmigkeit. Du spürst dich nicht mehr als getrennte Teile, sondern als Ganzes. Es ist, als würde ein inneres Lied beginnen, in dem alle Stimmen harmonisch miteinander schwingen.

Diese Erfahrung nennen wir »das Erwachen des authentischen Selbst«. Es ist kein künstlich erzeugter Zustand. Kein Ideal, das du erreichen musst. Es ist vielmehr ein Erinnern an das, was du im Innersten bist – ungeteilt, lebendig, wahr.

Wenn Cannabis in einem rituellen, klar ausgerichteten Raum genutzt wird, kann es diesen Prozess beschleunigen. Es hilft dir, die inneren Schleier zu durchlichten, Blockaden zu lösen und überholte Muster zu entlassen. Der Körper beginnt zu heilen, der Geist wird stiller, das Herz durchlässiger. Du spürst, dass du mehr bist als deine Gedanken, deine Rollen oder deine Geschichte. Du spürst dich – pur!

Doch dieser Zustand ist nicht einfach ein Geschenk. Er will vorbereitet, geübt, gehalten werden. So wie du lernen musst, ein Instrument zu spielen oder ein Pferd zu reiten, braucht auch das authentische Selbst deinen Respekt, deine Geduld und deine Hingabe. Denn es zeigt sich nicht unter Druck –es zeigt sich, wenn du aufhörst, etwas zu sein und beginnst, du selbst zu werden.

In der Verbindung der vier Selbste entsteht ein inneres Leuchten – ein Kraftfeld, ein Zustand von Klarheit, Weichheit und Präsenz. Du beginnst, dich durch deine eigenen Augen zu sehen – nicht mehr durch die Filter von Konditionierung, Anpassung oder Mangel.

Und hier, in dieser Authentizität, erwacht der Grüne Drache – nicht als Mythos, sondern als lebendige Wirklichkeit in dir. Er ist die Verbindung zwischen Instinkt und Intuition, zwischen Körper und Geist, zwischen Selbst und Welt.

Wenn du diesen Drachen reitest, reitest du dich selbst. Du wirst nicht jemand anders – du wirst ganz.

Genug der Theorie erstmal. Jetzt möchte ich dich auf deine erste Cannabidation vorbereiten – auf die Basistechnik, um erfolgreich dem Drachen zum Fliegen zu verhelfen.

Literatur:

Russo, E. B. (2016). Clinical endocannabinoid deficiency reconsidered. *Cannabis and Cannabinoid Research*, 1(1), 154–165.

Grof, S. (2008). *Psychologie der Zukunft: Lektionen aus moderner Bewusstseinsforschung*. Freiburg: Arbor.

Carhart-Harris, R. L. & Friston, K. J. (2019). REBUS and the anarchic brain: Toward a unified model of the brain action of psychedelics. *Pharmacological Reviews*, 71(3), 316–344.

Jung, C. G. (1959). *Die Archetypen und das kollektive Unbewusste*. Zürich: Rascher Verlag.

Eliade, M. (1969). *Yoga: Immortality and freedom*. Princeton, NJ: Princeton University Press.

Campbell, J. (1949). *The hero with a thousand faces*. Princeton, NJ: Princeton University Press

TEIL 3

DIE CANNABIDATION

Cannabis – Welche Sorten?

Eine Pflanze, viele Wirkungen

Cannabis ist nicht einfach »eine Droge«. Sie ist eine der komplexesten Pflanzen, die wir kennen – mit Hunderten von Wirkstoffen, die in feiner Abstimmung zusammenwirken:

Cannabinoide wie THC, CBD, CBG oder THCV aktivieren und modulieren das Endocannabinoid-System.
Terpene bestimmen Duft, Geschmack und die Nuancen der Wirkung – etwa Limonen, Myrcen und Linalool, die selbst psychoaktive Eigenschaften aufweisen.
Flavonoide wirken schützend, antioxidativ und entzündungshemmend.

Diese Stoffe wirken nicht isoliert, sondern im Ensemble – man nennt das den Entourage-Effekt. Cannabis ist ein polyphones Orchester, das mit deinem Körper, deinem Geist und deinem Bewusstsein in Resonanz tritt.

Je nachdem, wie du Cannabis zu dir nimmst, entsteht eine andere Erfahrung und jede Form hat ihre eigene Signatur. Und wie bei jeder Ritualpflanze gilt: Nicht die Form entscheidet, sondern die Intention.

Der Kompass der Sorten – Sativa, Indica oder Hybrid?

Lange Zeit unterschied man Cannabis grob in zwei botanische Hauptrichtungen:

Sativa – Wach, klar, energetisch; gut für kreative, geistige, körperlich aktive Rituale.
Indica – Ruhig, entspannend, introspektiv; ideal für Trance, Heilung, Rückzug, Integration.

Doch diese Unterscheidung ist heute zu einfach. Moderne Sorten sind meist Hybride – gezüchtete Kreuzungen, die ganz eigene Wirkprofile entfalten. Entscheidend ist deshalb nicht der Name der Sorte, sondern das Wirkstoffprofil (Cannabinoide + Terpene) – und deine Absicht.

Der Mischansatz – ein Spektrum für Erfahrungstiefe

In meiner Arbeit empfehle ich bewusst, mehrere Cannabis-Sorten miteinander zu kombinieren. Denn jede Sorte trägt ein eigenes Spektrum an Cannabinoiden und Terpenen – und erst im Zusammenspiel kann daraus ein vielschichtiger Erfahrungsraum entstehen.

Eine Sorte bringt die geistige Klarheit, eine andere öffnet das Herz, eine dritte verankert dich im Körper.

Diese Art der »Komposition« erlaubt es, ein Ritualfeld zu schaffen, das nicht eindimensional, sondern vielstimmig ist. Eine Cannabis-Mischung kann wie ein musikalischer Akkord wirken – stimmig, harmonisch, vielschichtig.

Wichtig dabei: Achte auf Qualität, Herkunft, energetische Reinigung und natürlich auf deinen Körper als Resonanzraum.

Reinigen und Segnen – die unsichtbare Dimension der Pflanze

Bevor du eine bestimmte Cannabissorte überhaupt konsumierst oder rituell einsetzt, gibt es eine oft übersehene, aber äußerst wirkungsvolle Praxis: die energetische Reinigung und Segnung des Krauts. Denn jede Pflanze – auch wenn sie getrocknet und zerkleinert wurde – trägt Informationen in sich. Sie speichert Schwingungen, sie nimmt auf, sie antwortet.

Pflanzen sind nicht einfach nur Materie – sie sind fühlende Wesen. Sie können deine Gedanken spüren, deine Absichten, deine Gefühle. Und umgekehrt nehmen sie auch die energetischen Felder ihrer Umgebung auf – sei es Licht, Musik, Pflege oder auch Angst, Ausbeutung, Eile.

Gerade beim Cannabis, das in vielen Fällen industriell oder unter belastenden Bedingungen angebaut und verarbeitet wurde, lohnt es sich, einen Moment innezuhalten. Weißt du, woher dein Kraut stammt? Wurde es mit Sorgfalt und Liebe kultiviert – oder trägt es eine Schwingung von Gier, Kontrolle oder Unachtsamkeit in sich?

Hier kommt eine einfache schamanische Praxis ins Spiel: eine Reinigungs- und Aufladetechnik, die ursprünglich von einem Cheyenne-Medizinmann überliefert wurde. Sie ist leicht zu erlernen – aber tief in ihrer Wirkung.

Die Technik:

Lege Zeige- und Mittelfinger deiner bevorzugten Hand übereinander.

Drehe die Finger über dem Cannabis gegen den Uhrzeigersinn – zunächst langsam, dann schneller.

Stell dir vor, dass alle störenden oder dunklen Energien gelöst und nach oben hin abgegeben werden. Wenn du magst, kannst du sie sogar bewusst »hochschleudern«.

Danach wechsle die Richtung und drehe deine Finger im Uhrzeigersinn über dem Kraut. Währenddessen sprich oder denke kraftvolle Worte, zum Beispiel:

»Ich lade dich auf mit der Energie von Heilung, Liebe und Bewusstsein.«

Diese einfache Handlung verändert mehr, als man glaubt. Die Pflanze wird dadurch nicht nur gereinigt, sondern auch informiert – gesegnet, aufgeladen und ausgerichtet auf das, was du mit ihr bewirken möchtest.

Du kannst diese Technik auch auf andere Dinge anwenden:

- auf Essen und Trinken,
- auf Werkzeuge, Steine oder Kleidung,
- auf deinen Ritualplatz.

Du wirst vielleicht überrascht sein, wie deutlich sich die Ausstrahlung verändert. Probiere es einfach aus – und achte darauf, wie sich dein Empfinden beim Riechen, Berühren oder Inhalieren wandelt.

Denn Cannabis ist nicht nur ein Wirkstoffträger, sondern ein Bewusstseinswesen. Und wie jedem Wesen steht ihm Respekt zu. Das Reinigen und Segnen ist ein erster, kraftvoller Schritt auf diesem Weg.

Kleiner Tipp für alle Homegrower:

Bespiele deine Pflanzen regelmäßig mit spiritueller Musik. Mantras, Chants, Kirtans, auch klassische Musik, Meditationsmusik etc. Vermeide aggressive Musik (Metal, Punk, Hardrock). Das lässt die Pflanzen nicht nur besser wachsen, sondern informiert sie bereits mit einer hohen, harmonischen Kraft, die sie dann verstärkt in den Zeremonien entfalten kann.

Literatur:

Booth, J. K. & Bohlmann, J. (2019). Terpenes in Cannabis sativa. *Plant Science*, 284, 67–72.

Russo, E. B. (2011). Taming THC. *British Journal of Pharmacology*, 163(7), 1344–1364.

Der Vaporizer - Hightech für deine Lunge

Der Vaporizer ist ein Werkzeug moderner Alchemie. Wenn die alten Yogis einen Vaporizer gehabt hätten, sie wären begeistert gewesen.

Denn was früher nur mit Räuchern, Pfeife oder Joint möglich war, gelingt heute präziser, sauberer und gesünder: Cannabis zu sich zu nehmen – ohne Rauch, ohne Asche, ohne Lungenbelastung.

Willkommen in der Ära der sanften Verdampfung

Was macht der Vaporizer?

Ein Vaporizer (oder Vaporisator) erhitzt dein Cannabis kontrolliert und punktgenau, ohne es zu verbrennen. Dabei entsteht ein feiner Dampf – keine Flamme, kein Tabak, keine Schadstoffe.

Du inhalierst also nur die wirksamen Inhaltsstoffe der Pflanze – und lässt Teer, Kohlenmonoxid & Co. außen vor. Für viele, die regelmäßig mit Cannabis arbeiten oder medizinisch darauf angewiesen sind, ist das ein echter Game Changer.

Temperatur ist alles

Wie wir bereits wissen, produziert Cannabis viele Wirkstoffe – Cannabinoide wie THC, CBD oder CBN, aber auch Terpene wie Limonen, Myrcen und Caryophyllen. Jeder dieser Stoffe hat seinen eigenen Siedepunkt.

Wenn du also die Temperatur gezielt wählst, kannst du beeinflussen, was du aufnimmst – und wie du dich fühlst.

Warum Verdampfen besser ist

Im Vergleich zum Rauchen bringt dir der Vaporizer klare Vorteile:

- **Höhere Bioverfügbarkeit** – du nimmst mehr Wirkstoff auf (bis zu 80 % statt <30 %)
- **Keine Verbrennungsprodukte** – deine Lunge wird geschont
- **Feinere Dosierung** – ideal für Rituale, medizinische Anwendungen oder sanfte Einstiege
- **Mehr Geschmack** – Terpene entfalten sich deutlich intensiver.

Besonders für Menschen mit empfindlichen Atemwegen oder chronischen Erkrankungen (z. B. Asthma, Autoimmunerkrankungen, Schmerzen) ist das ein großer Pluspunkt.

Welcher Vaporizer passt?

Der Markt ist groß – es gibt mobile Geräte, Tischgeräte, High-End-Modelle. Entscheidend ist dabei nicht der Preis, sondern die Funktionalität. Achte auf drei Dinge:

- eine exakte Temperaturregelung,
- hochwertige Materialien (am besten Glas oder Keramik),
- und eine einfache Reinigung.

Ein solides Gerät der Mittelklasse reicht in der Regel völlig aus. Lies dir einfach aktuelle Tests durch – und vor allem: wähle eines, mit dem du dich wirklich wohlfühlst. Es wird dein Begleiter auf vielen Reisen sein.

Was tun mit »verbrauchten« Kräutern?

Auch nach dem Verdampfen ist dein Kraut nicht nutzlos. . In der Szene nennt man es ABV – Already Been Vaped – Es enthält noch wertvolle Reststoffe, die du weiterverwenden kannst:

- in Öl oder Butter (z. B. für Salben oder Edibles),
- in Kapseln abfüllen für eine sanfte Entspannung,
- oder zur Mikrodosierung im Alltag.

Achte dabei auf die Farbe:

- gold- bis mittelbraun = ideal
- schwarz = zu heiß

Ebenso wichtig ist die Pflege deines Vaporizers: Harze, Öle und Rückstände setzen sich schnell ab und beeinflussen Geschmack, Wirkung und Hygiene. Eine regelmäßige Reinigung erhält nicht nur die Funktion, sondern auch die energetische Reinheit deines Werkzeugs.

Der Vaporizer ist das ideale Werkzeug der Wahl für alle, die Cannabis bewusst einsetzen. Und er ist erstaunlich sparsam: Die meisten Füllungen reichen – je nach Größe der Kammer – für vier bis acht Züge. Da wir bei der Cannabidation meist nur ein bis zwei Züge pro Runde nehmen, kannst du ihn für zwei bis drei Sessions verwenden. Es ist allerdings sinnvoll, die Temperatur pro Sitzung jeweils um 10 Grad zu erhöhen: 1. Session: 180 °C, 2. Session: 190 °C, 3. Session: 200 °C.

Der Vaporizer ist mehr als ein Gerät.
Er steht für einen neuen, achtsamen Umgang mit Cannabis – gesund, gezielt, wohltuend. Er macht das Pflanzenbewusstsein zugänglich, ohne den Körper zu belasten. Und er hilft dir, langsam, bewusst und fein dosiert in die Tiefe zu gehen – ob therapeutisch, meditativ oder einfach nur zur Entspannung.

Wenn du den Weg des Grünen Drachen gehst, dann wird der Vaporizer schnell zu deinem besten Reisegefährten.

Literatur:

Gieringer, D. (2001). Cannabis vaporization. *Journal of Cannabis Therapeutics*, 1(3–4), 153–170.

Hazekamp, A. et al. (2006). Evaluation of a vaporizing device. *Journal of Pharmaceutical Sciences*, 95(6), 1308–1317.

Pomahacova, B. et al. (2009). Cannabis smoke condensate III. *Journal of Ethnopharmacology*, 122(2), 124–128.

Drachennahrung

Seit Anbeginn der Menschheit war Essen mehr als bloße Energiezufuhr. In allen Kulturen, in allen Zeiten, war Nahrung ein heiliger Akt. Eine Begegnung. Eine Beziehung zwischen Mensch und Erde. Zwischen Geist und Substanz. Zwischen Himmel und Körper.

In der jüdischen Mystik beginnt jedes Mahl mit einem Segen: Baruch ata Adonai – ein bewusstes Erkennen, dass das, was wir zu uns nehmen, nicht einfach »Materie« ist, sondern ein Geschenk aus göttlicher Quelle.

In vielen spirituellen Traditionen ist Essen weit mehr als ein physischer Vorgang – es ist ein Ritual, eine Form der Verbindung.

Im Christentum wird Brot zum Leib, Wein zum Blut – ein sakramentales Symbol für die tiefste aller Verbindungen: dass das Göttliche selbst in Nahrung eintreten und durch sie in uns wirken kann.

Im Buddhismus wird beim Essen meditiert. Man isst nicht einfach – man nimmt bewusst auf, sieht, riecht, spürt, dankt. Der Körper wird als Gefäß betrachtet, das nur das Notwendige braucht – aber das Notwendige soll rein sein.

In indigenen Kulturen ist Nahrung untrennbar mit Jagd, Ernte oder Danksagung verbunden. Vor dem Töten eines Tieres wird gebetet, Pflanzen werden mit Liedern geerntet. Nahrung ist Teil eines großen von Geben und Nehmen.

Und in den **alten Tantras** heißt es: »Du bist, was du verdaust – nicht, was du isst.« Nahrung beeinflusst nicht nur den Körper – sondern durchdringt dein ganzes Wesen, formt dein Bewusstsein und bestimmt deine Schwingung.

Die Nahrung des Drachen

In unserem Verständnis als Schüler des Grünen Drachen ist Nahrung ebenfalls heilig. Sie ist nicht einfach Nährstoff – sie ist Information. Sie informiert dein Nervensystem, gestaltet deine Zellmembranen und formt deine neurochemischen Reaktionsmuster – und damit deine Fähigkeit zu fühlen, zu träumen, zu empfangen.

Eine Nahrung, die arm an Vitalität, Licht und natürlicher Intelligenz ist, wird dich schwächen – ganz gleich, wie viele Kalorien sie enthält. Wenn du mit Cannabis arbeitest – ob in Zeremonien, Meditationen oder für therapeutische Prozesse –, ist deine Ernährung kein Nebenschauplatz. Sie ist das Fundament, auf dem deine Erfahrung ruht.

Hier sind einige Prinzipien, die sich bewährt haben – nicht als Dogma, sondern als Einladung zur Achtsamkeit:

1. **Es gibt keine perfekte Ernährung für alle.**
   Ob du dich vegan, vegetarisch oder omnivor ernährst – entscheide intuitiv und beobachte, was dir guttut. Wichtig ist nicht die Ideologie, sondern die Qualität und Frische deiner Nahrung.
2. **Schütze dein Endocannabinoid-System.**
   Das ECS reagiert empfindlich auf Toxinen, Pestiziden und Plastikweichmachern. Diese wirken wie endokrine Disruptoren und können das Cannabinoid-Netzwerk stören. Mit biologisch angebauten Lebensmitteln, sauberem Wasser und möglichst wenig Umweltgiften schaffst du deinem inneren System die Freiheit, seine feine Balance zu halten
3. **Wichtig – Der Körper ist das Fundament.**
   Er bildet das Fundament für alle Bewusstseinsarbeiten und ist das Gefäß, durch das spirituelle Erfahrungen hindurchwirken können. Wenn du dich auf diese Reise begibst, wird dein gesamtes System aktiviert. Energie beginnt zu fließen, Visionen steigen auf, dein Nervensystem summt – doch all das braucht Substanz. Wie beim Flug eines Drachen: Das Feuer braucht Nahrung, der Körper Stabilität, das Bewusstsein Botenstoffe.
   Viele Menschen unterschätzen, was es den Körper kostet, wenn sich das Bewusstsein weitet. Höhere Frequenzen erzeugen nicht nur Glücksgefühle – sie verbrauchen Nährstoffe. Und Cannabis – so sehr ich diese Pflanze liebe – ist kein Selbstläufer. Sie ist ein Türöffner, ja. Aber dieser Türöffner hat seinen Preis: in Form von Vitalstoffen, die der Körper bereitstellen muss.
4. **Fülle braucht Nährboden.**
   All das fordert Ressourcen. Wir leben in einer Zeit nährstoffarmer Nahrungsmittel. Viele Menschen schleppen sich mit leeren Tank durch den Alltag – und erwarten, auf Cannabisreisen die Sterne zu berühren. Doch mit einem Körper, der im Mangel ist, kann der Drache nicht fliegen.

Die zwei Ebenen der Drachennahrung

1. Ausgleich und Schutz

Bevor du hoch fliegst, musst du deine Basis stärken:

- Auffüllen von Mikronährstoffen
- Beruhigung stiller Entzündungen
- Nahrung für deine Rezeptoren

2. **Optimierung und Bewusstseins-Booster**
   Wenn die Basis steht, kannst du höher zielen:
   - Zellenergie steigern
   - Qi-Fluss verbessern
   - Spirituelle Energie kanalisieren
   - Atem und Klarheit vertiefen

Das ist gelebte Erdspiritualität – die Kunst, den physischen Körper als Tempel zu ehren: als Gefäß, in dem sich das Feuer des Drachens entzünden darf.

Mikronährstoffe – die oft unterschätzten Helferlein

Du wirst es vielleicht schon gespürt haben: Es macht einen Unterschied, was du deinem Körper gibst – und nicht bloß, was, sondern wie. In welcher Qualität. In welcher Form. Mit welcher Energie.

Wenn wir in die Tiefe gehen – ob mit Cannabis, mit Atemarbeit oder auf dem Drachenweg der Selbsterkenntnis – dann braucht unser Körper Nahrung, die wirklich nährt. Kein billiges Pulver. Keine Retorten-Vitamine. Kein Etikettenschwindel mit grünem Aufdruck und vollmundigen Gesundheitsversprechen.

Denn was viele nicht wissen: Der Markt für Nahrungsergänzungsmittel ist ein Dschungel – und leider kein besonders heiliger. Ein Großteil der »Vitamine« da draußen stammt aus synthetischer Herstellung. Das klingt harmlos, ist es aber nicht.

Der große Etikettenschwindel

Die Verbraucherzentrale bringt es nüchtern auf den Punkt: Viele Hersteller werben mit natürlichen Bildern – doch ihre Produkte stammen oft aus China, hergestellt in riesigen Industrieanlagen, oft mithilfe gentechnischer Verfahren. Was auf dem Etikett nach Wildkräutern und Reinheit aussieht, ist in Wahrheit ein Cocktail aus synthetisch hergestellten Isolaten – häufig stammen diese aus genau denselben Fabriken, in denen auch Tierfutter oder Reinigungsmittel produzieren werden. Nur das Etikett ist ein anderes.

Solche Produkte sind oft billig – aber teuer für deinen Körper. Sie werden schlecht aufgenommen, können dein System belasten und enthalten keine Lebensinformation. Denn: Synthetische Vitamine sind keine lebendigen Substanzen. Sie sind tote Molekülstrukturen, chemisch isoliert, oft mit Zusatzstoffen stabilisiert und meist nicht bioverfügbar. Das ist keine Nahrung. Das ist Chemie.

Echte Vitalstoffe dagegen kommen aus der Pflanze – aus lebendigem Boden. Sie werden nicht mit Lösungsmitteln extrahiert, sondern sanft verarbeitet. Sie enthalten nicht nur Vitamine und Mineralien, sondern auch ihre natürlichen Begleitstoffe: Enzyme, Co-Faktoren, sekundäre Pflanzenstoffe. Das macht den Unterschied. Sie sind keine Einzelsoldaten – sie sind ein ganzes Orchester.

Dein Körper ist ein Tempel – kein Müllschlucker

Wenn du einen heiligen Weg gehst, dann beginnst du, deinen Körper neu zu ehren. Du spürst, wie wichtig es ist, ihn zu nähren, zu schützen, zu stärken. Und du merkst: Nicht alles, was in der Apotheke steht, dient deiner Heilung. Nicht alles, was Nahrungsergänzung heißt, ergänzt wirklich deine Nahrung.

Meine Empfehlung:

Ich bin mir bewusst, dass das Empfehlen einer bestimmten Marke von manchen Lesern als kritisch gesehen wird. Ich mache es trotzdem, weil ich auf dem Markt keine wirklich guten Alternativen gefunden habe und ich selbst mit großem Erfolg mit den Produkten experimentiere. Ich arbeite dabei bevorzugt mit Vitalstoffen aus dem Sortiment der Firma Lifeplus, weil mich ihre Qualität vollkommen überzeugt hat. Ich kenne die Menschen hinter Lifeplus, ihren Anspruch an Qualität und ihre Expertise:

Hier findest du: Kaltherstellung aus natürlichen Stoffen in echter pharmazeutischer Reinheit, alles eingebettet in Enzyme zur Verbesserung der Bioverfügbarkeit, keine Gentechnik, keine unnötigen ungesunden Zusatzstoffe. Echte Vitamine, kein synthetischer Retortenmix, der oft mehr schadet als er nützt.

Wenn du andere Produkte nutzten möchtest, dann achte auf Kaltherstellung (Rohkostqualität) und Bioverfügbarkeit. Gerade Nahrungsergänzungen sollten so natürlich wie möglich sein, damit sie wirklich deine Gesundheit unterstützen.

Was ich dir empfehle:

Daily Plus oder TVM Plus (der kleine Bruder)

Eine gute Grundversorgung halte ich heutzutage für essenziell. Stress, Umweltgifte, Industrienahrung, Elektrosmog belasten uns wie nie zuvor in der Geschichte der Menschheit und die Zunahme vieler Krankheiten zeigt es auch deutlich. Da wir nicht mehr direkt von der Wiese oder nur aus dem eigenen Garten essen, entstehen schnell Nährstoffmängel dadurch. Die Ergebnisse merken wir leider nicht sofort aber ein großer Teil der Zivilisationskrankheiten ist der Tatsache geschuldet, daß wir uns nicht mehr artgerecht ernähren.

Mit einer soliden Grundversorgung kannst du dem entgegenwirken, und da du mit dem Weg des grünen Drachen auch eine hohe Energie aufbauen willst, dir damit eine gute körperliche Grundlage schaffen.

- **Mein Tipp:** 2 Messlöffel Dailyplus in Mango oder O-Saft. Alternativ 6 Kräutertabletten TVMplus ca. 1 Stunde vor der Cannabidation einnehmen.
- **Achtung:** Das Dailyplus geliert sehr schnell. Also trinke es sofort. Zusätzliche Flüssigkeit danach unterstützt den Darmreinigungseffekt.
- **Meine Erfahrung:** Nicht nur eine deutliche Verbesserung meiner Gesundheit, sondern auch eine immer mehr differenzierte Wahrnehmung.

Omega-3-Fettsäuren: Vegan Omegold (oder für Terpen-Enthusiasten MangOmega)

- ▶ Unverzichtbar für dein Endocannabinoid-System.
- ▶ Sie erhöhen die Rezeptordichte.
- ▶ Balancieren Stimmung und Entzündungen.
- ▶ Sorgen für geistige Klarheit und emotionale Stabilität.
- ▶ Wirken der Toleranzbildung entgegen.

- **Mein Tipp:** 2-6 Kapseln täglich, vor allem bei viel geistiger Arbeit und regelmäßigen Cannabisanwendungen.
- **Meine Erfahrung:** Das Gehirn füllt sich mit Licht, eine Leichtigkeit im Denken stellt sich ein.

Proanthenols 100 (Das echte OPC)

Ein echter Feuerlöscher gegen stille Entzündungen, die dir Kraft rauben und dich schwächen.

- ▶ Antioxidative Power vom Feinsten.
- ▶ Ein richtig starker Immunschutz.
- ▶ Unterstützung der Regeneration nach intensiven Prozessen.

- **Mein Tipp:** 2 Tabletten regelmäßig 1 Stunde vor oder nach den Mahlzeiten. Wenn du einen Infekt nahen spürst, dann 4-6 Tabletten, um einen massiven Schutzschild in deinem Immunsystem aufzubauen.

• **Meine Erfahrung:** Mein Körper wurde stabiler, mein Bindegewebe fester, meine Infekte verschwanden.

X-Cell

Der CHI-Booster.
L-Arginin für Durchblutung, sexuelle Energie, Flow-Zustände.
Unterstützt Atemarbeit, verbessert die Sauerstoffaufnahme bis zu 25% und hilft, mehr Lebensenergie ins System zu bringen.
Fördert die Mikrozirkulation und hilft den Cannabinoiden tief in deinen Körper vorzudringen.

• **Mein Tipp:** Ein Glas ca. 15 Minuten vor der Cannabiszeremonie trinken.
• **Meine Erfahrung:** Mehr Ausdauer im Sport bei gleichzeitiger Entspannung, mehr Wohlgefühle durch die verbesserte Durchblutung.

Real NRG

Mein morgentliches Wachheitselixier – besser als Tee oder Kaffee.
Guarana, Grüntee, echte Vitamine, Kräuter und Aminosäuren, die die Stimmung aufhellen.
Verbessert das High und den Fokus.
Vorsicht: Koffein! Aber ohne dich nervös zu machen. Nicht abends, nicht für Sensible!

• **Mein Tipp:** 1 Messlöffel RealNRG + 1 Messlöffel Dailyplus ca. 30 Minuten vor der Zeremonie trinken.
• **Meine Erfahrung:** Macht optimistisch, wach und regt das Denken an.

Ergänzende Helfer für spezifische Situationen

Be Focused

Für körperlich aktive Cannabisrituale. Für Sport, Pilates, Yoga etc.
Unterstützt Muskelkraft, Ausdauer und klare Konzentration.

Be Recharged

Zur Integration und Erholung. Hilft deinem Nervensystem, runterzufahren und deine Erlebnisse zu verarbeiten.

Biotic Blast

Zum Aufbau einer gesunden Darmflora
Für deinen Darm – das Wurzelchakra deiner Gesundheit.

Mikrobiompflege heißt auch: bessere Stimmung, besseres Immunsystem, klareres Denken.

Biohacks und Kombinationen

- Daily Plus + Real NRG = Energie mit Struktur. Gut für den Start in den Tag
- X-Cell + Be Recharged = Yin und Yang ausbalancieren.
- Real NRG + X-Cell = High Energy Flow!

Cannabis-Entzug? Unterstützung für den Rückweg

Manche hören auf. Andere machen Pausen. Gut so. Doch der Übergang kann schwierig sein: Reizbarkeit, Schlafstörungen.
Was hilft?

- Daily Plus zur Basisversorgung.
- Omegold hochdosiert (6 Kapseln)
- Supporttabs, die die Nerven stärken (6-8 Kräutertabletten)
- Und: liebevolle Integration, Erdung, Zeit.

Willst du tief reisen? Willst du dein Endocannabinoid-System wirklich entfalten? Willst du nicht bloß konsumieren, sondern transformieren? Dann beginne bei deinem Körper. Nähre ihn. Ehre ihn. Er ist dein heiliger Raum, dein Altar, dein Portal.

Bezugsquelle: www.lifeplus.com/SHCQ9I/S/
Dies ist ein Empfehlungslink, über den ich eine kleine Provision erhalte. Die Produkte sind deshalb nicht teurer, da sie direkt ab Werk geliefert werden. Mit der 30tägigen Rückgabegarantie gehst du kein Risiko ein.

Literatur:

Calder, P. C. (2015). Marine omega-3 fatty acids. *Biochimica et Biophysica Acta.*

Gröber, U. (2011). *Mikronährstoffe.* Wissenschaftliche Verlagsgesellschaft.

Rätsch, C. (1998). *Enzyklopädie der psychoaktiven Pflanzen.* AT Verlag.

Die Cannabidation – Der heilige Gral der Cannabisanwendung

Wenn du Cannabis nur konsumierst, verpasst du das größte Geschenk dieser Pflanze. Aber wenn du dich hinsetzt, atmest, spürst – dann wird aus Rausch ein Ritual.

Was ist Cannabidation?

Meine Wortneuschöpfung Cannabidation beschreibt keine Technik im klassischen Sinn – sie ist eine Reise. Ein Raum der Präsenz, in dem sich Cannabis, Atmung und Bewusstsein miteinander verbinden.

Der Begriff setzt sich aus *Cannabis* und *Meditation* zusammen. Doch es geht dabei nicht nur ums Sitzen und Atmen, sondern um das bewusstes Eintreten in einen inneren Raum – tiefer als jede gewöhnliche Entspannungsübung.

Sie ist das Tor zu allem, was auf dem Weg des Grünen Drachen folgt: zur Archetypenarbeit, zu schamanische Reisen, zu kreative Transformation und Heilung. Ohne Cannabidation bleibt jede Praxis fragmentiert – mit ihr wird sie kohärent.

Die drei Säulen der Cannabidation

Die Cannabidation ist ein Ritual der Verbindung. Sie ruht auf drei Säulen – Körper, Atem und Bewusstsein – und bildet die Grundlage für alle weiteren Erfahrungen auf dem Weg des Grünen Drachen.

1. Bewusste Einnahme von Cannabis

Cannabis ist hier kein Konsumgut, sondern ein Tor. Die Einnahme geschieht achtsam, dosiert und meist über einen Vaporizer – ein Werkzeug moderner Alchemie.

Oft genügen ein bis drei bewusste Züge, verbunden mit einer klaren Intention. Nicht Konsum, sondern Kontaktaufnahme.

2. Tiefer Atem – Brücke zwischen Körper und Geist

Der Atem ist dein Wegweiser. Atme in den Bauch (Hara-Zentrum), atme langsam und vollständig aus. Lass die Ausatmung länger werden als die Einatmung, und nutze Atempausen als Raum für Bewusstsein. So wird der Atem zur Welle, die dich trägt – und den inneren Raum öffnet.

3. Innere Sammlung & Körperhaltung

Setze dich aufrecht und geerdet – zwischen Himmel und Erde. Schaffe dir ein ruhiges, liebevoll gestaltetes Umfeld.

Erlaube deinem Geist, still zu werden. Empfange – statt zu kontrollieren.

Vorbereitung auf die Cannabidation

Eine Cannabidation ist wie eine kleine Reise. Sie kann sehr tief gehen – deshalb braucht sie Vorbereitung und ist ein wesentlicher Bestandteil des Rituals. Sie ist kein Alltagsmoment, sondern ein bewusst gewählter Übergang in einen besonderen Bewusstseinsraum.

Drachennahrung

Bereite deinen Körper auf die Erfahrung vor:

- 4 Kapseln **Omegold** (hochwertige Omega-3-Fettsäuren)
- 1 Portion **Daily**, eventuell kombiniert mit **Real NRG** oder 6 Kräutertabletten **TVM**
- **Alternativ:** 15 Minuten vorher ein **X-Cell** trinken – das unterstützt die Verteilung der Cannabinoide im Körper.

Diese Kombination schafft eine stabile biochemische Grundlage für eine klare, tiefgehende Erfahrung.

Energetische und räumliche Vorbereitung

- Dusche oder reinige deinen Körper bewusst
- Lüfte den Raum, gestalte ihn liebevoll und halte ihn reduziert
- Zünde eine Kerze an, verwende evtl. sanftes Räucherwerk
- Schaffe dir eine Sitzgelegenheit, auf der du stabil aufgerichtet bist

Intention setzen

Sprich deine Absicht aus: Was erhoffst du dir? Was soll sich zeigen?
Wende dich bewusst an den Hanfgeist oder einen Archetyp deiner Wahl. Verwende ein Gebet, eine Affirmation oder ein Mantra.

Atem, Inhalation und Einstimmung

Sobald du deinen Raum vorbereitet und deine Intention gesetzt hast, beginnt die eigentliche Cannabidation. Sie startet nicht erst mit dem ersten Zug – sondern mit deinem Atem.

Während der Vapo aufheizt:

- Beginne ruhig und tief zu atmen.
- Weite deinen Brustkorb, vertiefe deinen Atem.
- Öffne deine Lunge bewusst für die Aufnahme.

Wenn der Vapo bereit ist:

- Atme vollständig aus.
- Nimm einen langen, langsamen Zug – gleichmäßig und tief.
- Wenn ein Hustenreiz aufkommt: Setze den Vapo ab, atme frische Luft ein, neutralisiere das Kratzen – und beginne neu.

Ein einzelner, bewusster Zug genügt oft. Danach bleibe ruhig beim Atmen. Richte deine Aufmerksamkeit nach innen – auf dein Hara, dein Bauchzentrum unterhalb des Nabels.

Der innere Raum – Trance, Körperintelligenz und Atemfluss

Bleib bei deinem Atem. Lass dich nicht ablenken.
Spüre deinem Körper – aber verfolge keine Gedanken, keine Erwartungen.
Mit der Zeit vertieft sich dein Atem.
Ein innerer Raum öffnet sich. Du gibst dich ihm hin, ohne ihn zu analysieren.

Bewegung aus dem Atem heraus:
Es kann sein, dass dein Körper sich wiegt, dehnt oder schwingt. Folge dem Atem – nicht einem Konzept. Lass dich führen. Bleibe Beobachter.

Erweiterte Wahrnehmung:
Wenn du im Atem bleibst, können Bilder, Impulse oder Visionen auftauchen. Du spürst deinen Energiekörper als Strömung, Feld oder Licht Du erlebst vielleicht archetypische Präsenz oder erfährst tiefes inneres Wissen.

Doch du folgst nicht den Inhalten – du bleibst im Atem. Er ist deine Führung. Dein Rhythmus. Dein Tor.

Umgang mit Blockaden
Sollten alte Themen, Spannungen oder psychische Widerstände auftauchen:

- Versuche nicht, sie zu lösen.
- Bleibe im Atemfluss.
- Dein Körper weiß, wie er sich selbst reguliert.
- Vertraue deiner Intuition.

Die Cannabidation ist ein Dialog mit deinem tieferen Selbst – nicht mit deinem Verstand.

Rückkehr & Integration – Die sanfte Landung

Nach etwa ein bis zwei Stunden wirst du merken, dass sich der Zustand verändert. Die Energie flacht ab, die Visionen verblassen. Es ist Zeit zurückzukehren.

Was jetzt helfen kann:

- Mache dir Notizen über das Erlebte.
- Sprich mit jemandem, wenn du möchtest.
- Geh in die Natur oder bewege dich leicht.
- Höre Musik oder sitze einfach in Stille.

Ernährung nach der Cannabidation

- Trinke ein Glas **Be-Recharged** oder Wasser mit Zitrone
- Iss etwas Leichtes, Frisches – ein Stück Obst oder Gemüse.
- Vermeide Industriezucker oder Junkfood; sie können deine Erfahrung »zuschütten« und den geöffneten Raum wieder verschließen.

Wie oft sollte ich cannabidieren?

Diese Frage ist individuell – und zugleich entscheidend. Die Cannabidation ist ein kraftvoller innerer Prozess, der Raum zur Integration braucht.

Für die meisten Menschen:

- Einmal pro Woche ist ein guter Rhythmus – z. B. am Wochenende.
- Der Körper kann sich regenerieren und neue Rezeptoren bilden.
- Die Erfahrung bleibt tief und klar.
- Deine innere Motivation bleibt wach.

Wenn du Cannabispatient:in bist:

Du kannst auch täglich arbeiten – aber:

- Mache einzelne Sessions bewusst zu Cannabidationen.
- Unterstütze dein System mit ausreichend Omega-3-Fettsäuren.
- Achte auf bewusste Pausen und Rituale.

In Transformationsphasen:
Wenn du durch intensive innere Prozesse gehst, kann es hilfreich sein, an zwei oder drei aufeinanderfolgenden Tagen zu arbeiten. Aber auch hier gilt: Pausen sind essenziell.

Gib deinem Körper Zeit, deinem Nervensystem Raum und deinem Bewusstsein Stille.

Die Cannabidation ist wie ein heiliges Feuer. Du kannst es nähren – aber du solltest nicht darin ausbrennen.

Literatur:

Grof, S. & Grof, C. (2019). *Holotropic Breathwork*. SUNY Press.

Leary, T., Metzner, R. & Alpert, R. (1964). *The Psychedelic Experience*. University Books.

Zeiger, H. (2019). *Breathwork and Consciousness*. Independent.

TEIL 4

Religion, Spiritualität und Archetypen

Archetypen, die Kräfte des Endocannabinoid-Systems

Archetypenarbeit mit Cannabis – Der Weg zum authentischen Selbst

In nahezu allen spirituellen Traditionen wird der menschliche Körper als heiliger Ort betrachtet – nicht bloß als Hülle, sondern als lebendiger Tempel.

Im Alten Testament heißt es: »Ich will in ihnen wohnen und unter ihnen wandeln.« (2. Korinther 6:16)

Im indischen Tantra gilt der Körper als Devalaya – das Haus der Götter. Und auch im Buddhismus wird er verehrt, etwa als Vajrakörper, als Ort des Erwachens.

Ein Tempel ist jedoch nicht einfach nur ein Raum – er ist ein vorbereiteter Raum: gereinigt, ausgerichtet, energetisiert, empfangsbereit für das Göttliche.

Doch das Göttliche erscheint selten abstrakt. Es nimmt Form an – als Kraft, als Gestalt, als Archetyp.

Archetypen – lebendige Kräfte mit Mission

Ein Archetyp ist mehr als ein Symbol. Er ist ein seelisch-geistiges Muster – ein intelligentes Feld mit eigenen Qualitäten, Schwingungen und Eigenschaften.

Ein Archetyp bringt ein ganzes Profil mit sich:

- eine bestimmte Körperhaltung,
- eine besondere Art zu atmen,
- eine spezifische Stimme, Ausstrahlung und Aura,
- eine eigene Sichtweise auf das Leben,
- eine archetypische Sprache des Herzens.

Wenn du dich mit einem Archetypen verbindest, beginnt er in dir lebendig zu werden – in deinem Denken, Fühlen, Sprechen und Handeln. Du beginnst, dich anders zu bewegen. Anders zu atmen. Anders zu sehen.

Verkörperung – nicht bloß Vorstellung, sondern Identitätswechsel

Vielleicht erinnerst du dich an den Film *Avatar* von James Cameron. Der Protagonist Jake Sully übernimmt dort die Gestalt eines anderen Wesens – eines Na'vi.

Er taucht ein in eine neue Wahrnehmung, neue Fähigkeiten, ein anderes Selbst. Was zunächst nur wie ein ferngesteuerter Körper wirkt, wird mehr und mehr zu seiner eigentlichen Identität.

So geschieht auch die Arbeit mit Archetypen: Zuerst spürst du eine Resonanz. Dann – durch bewusste Praxis – beginnst du, dich mit dieser Energieform zu identifizieren. Es ist kein Spiel. Es ist ein echter Bewusstseinswechsel.

Wie sich Archetypen in deinem Körper zeigen

Wenn ein Archetyp in dir erwacht, beginnt er dich nicht nur innerlich zu formen – er wirkt auch äußerlich.

Deine Stimme verändert sich: wird klarer, tiefer, ruhiger.

Dein Blick wird weiter, präsenter, durchdringender.

Deine Haltung richtet sich auf – wird geerdet oder schwebend – je nach Archetyp. Selbst deine Muskulatur kann sich neu strukturieren – wie bei Tänzern, Yogis, Schamanen.

Die Energie formt das Fleisch. Und du wirst zum Gefäß.

Viele Götter in einem Menschen

Manche spirituelle Wege fokussieren sich auf einen einzigen Archetypen: Jesus, Shiva, Maria, Kali. Das kann Tiefe bringen – aber auch Begrenzung.

Denn der Mensch ist ein polyphones Wesen.

In dir leben viele archetypische Kräfte. Du kannst sie nacheinander erwecken, erforschen, integrieren – nicht beliebig, sondern bewusst: als inneres Orchester.

Das Ziel ist nicht, ein Archetyp zu sein, sondern das authentische Selbst zu entfalten – jenes Wesen, das in Harmonie mit all seinen inneren Kräften lebt.

Der Tod des alten Ichs – und die Geburt des wahren Selbst

Viele mystische Wege sprechen vom »Tod des Ichs«. Gemeint ist nicht der physische Tod, sondern die Auflösung der egohaften Selbstkonstruktion – jener inneren Festplatte, die unsere Muster speichert und unsere Reaktionen prägt.

Wenn wir mit Archetypen arbeiten – bewusst, rituell, begleitet von Cannabis –, betreten wir genau diesen Zwischenraum. Wir lassen für einen Moment los, wer wir glauben zu sein, und öffnen uns für eine neue Frequenz – eine andere Gestalt, ein anderes Selbst, ein erweitertes Bewusstsein.

Archetypen als Einweihungsräume

Diese archetypischen Kräfte sind keine Fantasien – sie sind uralte, universelle

Formen. Werkzeuge der Seele – aber noch mehr: Brücken der Transformation.

Wenn du sie betrittst, beginnst du, dich zu verändern. Sie führen dich durch Schwellen, helfen dir, Übergänge zu gestalten – Initiationen zu vollziehen.

Archetypen sind wie spirituelle Kleidung – du trägst sie für eine Weile, lebst in ihnen, und legst sie wieder ab. Doch etwas bleibt: Erinnerung. Kraft. Veränderung.

Das kollektive Unbewusste und die Kraft der Mythen

Carl Gustav Jung beschrieb Archetypen als universelle Muster des kollektiven Unbewussten.

Sie zeigen sich in Mythen, Träumen, Religionen – überall auf der Welt. Die Heldenreise, die große Mutter, der Heiler, der Krieger, der Weise, der Trickster – diese Figuren begegnen uns immer wieder. Sie sind nicht bloß Erfindungen, sondern Erfahrungen, die sich über Jahrtausende verdichtet haben.

Moderne Mythen – alte Muster in neuem Gewand

Auch in der Popkultur leben Archetypen.

Star Wars, Der Herr der Ringe, Marvel, Avatar – sie alle erzählen von Helden, Schattengestalten, Mentoren und Transformation.

Diese Geschichten berühren uns so stark, weil sie tiefe, archetypische Wahrheiten verkörpern. Und weil sie uns erinnern: Wir sind Teil eines größeren Spiels.

Cannabis als Toröffner

Cannabis verstärkt. Es öffnet. Es spiegelt.

Wenn du mit Cannabis arbeitest, tauchen diese Kräfte leichter auf – du spürst sie nicht nur, du erlebst sie.

Ein Archetyp beginnt zu atmen, zu sprechen, sich zu zeigen – in Visionen, Körperempfindungen, Emotionen.

Cannabis hilft, die Schwellen zwischen Ich-Zuständen zu durchschreiten: Aus dem Alltagsbewusstsein wird rituelles Bewusstsein. Aus einem Symbol wird eine lebendige Erfahrung.

Cannabinoide als Nahrung für Archetypen

Archetypen sind lebendige Kräfte. Und wie alles Lebendige brauchen sie Nahrung – nicht im materiellen, sondern im energetischen Sinn.

In vielen Kulturen werden Götter und innere Kräfte durch Substanzen genährt: durch heilige Kräuter, Rauch, Trank, Opfergaben. Auch Cannabis gehört dazu.

Wenn du Cannabis bewusst einem Archetypen widmest, geschieht Transformation. Du sagst sinngemäß:

»Ich lade diese Kraft ein. Ich nähre sie. Ich möchte ihr dienen – und von ihr lernen.«

Dieser Akt macht den Unterschied: Er verwandelt den Konsum in ein Opfer, die Substanz in ein Medium, die Erfahrung in ein Ritual.

Du kannst dies ganz konkret tun:

- Vor der Einnahme still innehalten.
- Eine klare Absicht formulieren: »Diese Blüte widme ich der Heilerin in mir.« »Mögen diese Kräuter den Drachen in mir stärken.«

Cannabinoide wirken nicht nur im Nervensystem – sie resonieren mit Bewusstseinsfeldern. Sie sind wie ein Lichtsignal, das einem schlummernden Archetypen zuruft: »Wach auf – jetzt ist deine Zeit.«

Diese Widmungspraxis lässt sich auf jede entheogene Pflanze oder Substanz anwenden – auch auf Kakao, Blaue Lotusblüte, Damiana, Pilze oder andere Pflanzenmedizin.

Entscheidend ist die Beziehung. Das Gespräch. Die Einladung. Denn Archetypen wollen berührt werden, nicht konsumiert. Sie wollen gerufen, nicht manipuliert werden.

Und Cannabis, bewusst verwendet, ist eine exzellente Brücke zu dieser seelischen Begegnung.

Eine einfache Praxis: Archetypenarbeit mit dem Tarot

Ein guter Einstieg in diese Arbeit ist das Tarot. Die Großen Arkana – 22 Karten – bilden ein archetypisches Alphabet.

Du kannst vor einem Cannabis-Ritual eine Karte ziehen und mit dieser Kraft bewusst arbeiten. Zum Beispiel:

- **Der Magier:** Handlungskraft, Manifestation
- **Die Herrscherin:** Fülle, Sinnlichkeit
- **Der Eremit:** Rückzug, innere Führung
- **Der Turm:** Umbruch, Befreiung
- **Die Sonne:** Freude, Klarheit

Du kannst dich mit dem Bild verbinden, Fragen stellen, in die Karte hineinfühlen. Und dann – während deiner Session – lade diesen Archetypen ein: Spüre seine Perspektive. Verkörpere seine Qualität. Lass ihn durch dich wirken,

Vom Archetyp zum authentischen Selbst

Ziel der Arbeit ist nicht, im Archetyp zu bleiben, sondern das zu verkörpern, was durch ihn sichtbar wird – deine Essenz.

Dein wahres Selbst ist kein starres Ich. Es ist ein offenes Feld – ein Raum, in dem viele Stimmen erklingen dürfen, ein lebendiger Resonanzkörper.

Und der Weg dorthin führt oft durch die Archetypen: als Einweihungsräume, als Lehrer, als Gefährten auf deiner inneren Reise.

Der Drache als Archetyp deiner Ganzheit

Der Grüne Drache selbst ist ein Archetyp – der Hüter der Schwelle, der Verbinder von Himmel und Erde, die Kraft, die transformiert und gleichzeitig schützt.

Wenn du diesen Weg gehst – den Weg des Grünen Drachen – lernst du nicht nur, mit Cannabis zu arbeiten, sondern mit dir selbst:

Mit deinem Körper als Tempel. Mit deiner Seele als Bühne. Mit deinen Archetypen als Werkzeuge der Wandlung.

Und eines Tages wirst du vielleicht spüren:

Der Drache bist du selbst.

Und im Laufe dieses Buches wirst du noch viele weitere Methoden und Ideen kennenlernen, wie du mit Archetypen, Cannabis und deinem eigenen Bewusstsein arbeiten kannst.

Bevor wir dorthin aufbrechen, möchte ich jedoch mein grundlegendes Verständnis von Religion und Spiritualität mit dir teilen – damit du mein Verständnis dieser sehr oft missverstandenen Begriffe kennst und aus welcher Haltung heraus dieses Werk entstanden ist.

Literatur:

Campbell, J. (1949). *The Hero with a Thousand Faces*. Princeton University Press.

Eliade, M. (1951). *Shamanism*. Princeton University Press.

Hillman, J. (1975). *Re-visioning Psychology*. Harper & Row.

Jung, C. G. (1959). *Die Archetypen und das kollektive Unbewusste*. Rascher Verlag.

Religion versus Spiritualität

Du fragst dich vielleicht: Was meine ich überhaupt mit Spiritualität? Und worin unterscheidet sie sich von Religion?

Ich möchte ein wenig ausholen und dir einige Gedanken mitgeben, die tief in unserer Biologie verankert sind. Dabei geht es nicht um Gott, das Jenseits oder heilige Gebote. Und ich möchte dir, wenn du religiös bist, auch nicht deinen Glauben nehmen, sondern dich an eine zutiefst menschliche Erfahrung erinnern:

Das Urtrauma.

Ich sage: Religionen sind kollektive Modelle zur Verarbeitung des Geburtstraumas. Sie strukturieren das Chaos dieser ersten Erfahrung, geben ihm Sinn und transformieren sie zu einer Geschichte von Erlösung, Wiedergeburt und spiritueller Erhebung. Sie sind – psychodynamisch betrachtet – Wiedergeburtsmodelle.

Die Geburt ist der erste große Übergang deines Daseins: der erste Verlust, der erste Kampf, der erste Lichtdurchbruch. Doch wir erinnern uns nicht – nicht mit Worten. Aber wir wissen es: im Körper, in der Seele, im Nervensystem; in der Art, wie wir Krisen erleben, in der Art, wie wir lieben, in der Art, wie wir nach Sinn suchen.

Der berühmte Bewusstseinsforscher Stanislav Grof hat dieses Wissen erforscht – in tausenden psychedelischen Sitzungen. Und er erkannte, dass viele tiefe spirituelle Erfahrungen sich um ein wiederkehrendes Muster drehten:

Die vier perinatalen Geburtsmatrizen (PGM) – vier Stadien des Geboren-Werdens, vier archetypische Räume, die nicht bloß biologisch, sondern auch psychologisch und spirituell Bedeutung haben.

Die vier Matrizen der Geburt nach Grof

PGM I – Kosmische Einheit vor der Geburt

Ein Zustand vollkommener Geborgenheit – der Uterus als Paradies. Hier existiert keine Trennung, kein Ich. Es ist die Erinnerung an Einheit, Licht, Frieden und viele spirituelle Sehnsüchte wurzeln hier.

PGM II – Trennung, Einschnürung, Druck

Die Wehen beginnen. Der Uterus zieht sich zusammen – doch noch kein Ausweg ist in Sicht. Angst, Ausgeliefertsein, Panik – die Dunkelheit beginnt.

PGM III – Todeskampf im Geburtskanal
Die Enge wird unerträglich: Schmerzen, Druck, Todesangst. Hier entstehen oft unsere tiefsten Schattenbilder – Kampf, Gewalt, Hölle. Erlösung wird zur einzigen Hoffnung.

PGM IV – Durchbruch, Geburt, Licht
Und dann: der Durchbruch. Das Licht. Der erste Atemzug. Erleichterung. Erweckung. Das neue Selbst wird geboren.

Religion als Geburtsweg in Symbolen

Was Grof erkannte: Diese vier Stadien spiegeln sich in allen großen Religionen.

- **PGM I** = das Paradies, die göttliche Einheit vor dem Fall.
- **PGM II** = der Sündenfall, das Exil, der Verlust des Göttlichen.
- **PGM III** = das Leiden, das Kreuz, die Hölle, das Dunkle.
- **PGM IV** = die Auferstehung, Erleuchtung, Erlösung.

Plötzlich ergibt alles Sinn: Religion ist keine bloße Lehre – sie ist ein kollektives Modell zur Verarbeitung des Geburtsdramas. Sie ist das große Skript der Menschheit – zur Transformation von Trauma, von Chaos von Mythos.

Und hier kommen Entheogene, psychoaktive Substanzen ins Spiel. Nicht als Betäubung, sondern als Verstärker des Geburtsweges.

Denn was tun sie, wenn sie rituell eingesetzt werden? Sie bringen dich zurück in die Matrizen deiner Seele. Sie zeigen dir die engen Räume, die du noch vermeidest. Sie führen dich durch **PGM III** – den inneren Geburtskanal – bis du selbst zum Licht wirst.

Die Erfahrung mit Cannabis und Psychedelika ist oft eine Reinszenierung der Geburt: Die Enge, der Druck, der innere Kampf – und dann das Aufatmen, das Licht, das Neue.

Rituale als Wiedergeburts-Prozesse

Ob Vision Quest, Schwitzhütte, Initiation, Atemarbeit oder Cannabitation – alle spirituellen Rituale führen durch eine symbolische Geburt. Sie lassen dich:

- sterben, um neu geboren zu werden,
- loslassen, um dich selbst zu finden,
- kämpfen, um inneren Frieden zu gebären.

Denn Religion will dich dazu motivieren und unterstützen, durch den Tunnel ins Leben – oder aus dem Leben – zu gehen. Ein dunkler Kanal, durch den du kriechen musst, um das Licht wieder zu sehen – aber diesmal wach.

Es ist kein Zufall, dass man in vielen religiösen Traditionen von »Erwachen« spricht.

Denn du warst schon einmal wach – im Mutterleib. Dann fielst du: in Dunkelheit, in Getrenntheit. Und jetzt bist du eingeladen, neu zu erwachen.

Wenn die Geburt unser erster Tod ist, dann ist Religion ein System zur Wiedergeburt. Der Mensch sehnt sich nach Sinn, weil er einst ohne ihn geboren wurde. Er schafft Symbole, Götter, Mythen – um das Unsagbare zu sagen. Und immer wieder kehrt das Motiv: Du stirbst, um geboren zu werden.

Die Religion wird zum Geburtshelfer. Und der Glaube – zur Erinnerung daran, dass jenseits des Tunnels das Licht wartet.

Die sterbenden Götter – Sakramente, Tod und Wiedergeburt

Es gibt eine bestimmte Klasse von Göttern, deren Geschichten alle einem archetypischen Muster folgen: Sie sterben – und stehen wieder auf. Sie bringen das Licht in die Dunkelheit, durchwandern die Unterwelt und kehren transformiert zurück.

Es sind Götter des Übergangs, der Einweihung, der Wiedergeburt. Und viele von ihnen stehen in enger Beziehung zu Rauschmitteln, Sakramenten oder Pflanzensubstanzen, die selbst Bewusstseinszustände verändern.

Diese Entwicklungsarchetypen lehren uns nicht bloß durch ihr Wirken, sondern durch ihr Erleiden, ihr Fallen, ihren Opfertod – und ihre Auferstehung.

Sie sind die Götter der psychospirituellen Alchemie.

Sie lehren uns – stirb und werde!

Die Archetypen der sterbenden und auferstehenden Götter spiegeln genau diesen Prozess. Sie zeigen uns in symbolischer Form, wie Transformation durch Schmerz und Hingabe möglich wird.

Sie führen uns – genau wie die Geburt – durch vier Phasen: Einheit, Krise, Auflösung, Erneuerung. Diese Struktur finden wir sowohl bei Stanislav Grof als auch in den Erzählungen der großen spirituellen Lehrer-Götter.

Die phallische Kraft – Männliche Götter als Entwicklungsarchetypen

Die meisten dieser Götter sind männlich. Ihre Erzählungen tragen den erotisch-mystischen Impuls des Phallischen in sich: das Streben nach Aufrichtung, Durchdringung, Ekstase – und den anschließenden »Tod« im orgasmischen Loslassen.

Der spirituelle Tod ist eine Verlängerung dieses Prinzips: Der Mann stirbt, um mehr zu werden als er war – ein Gott, ein Erwachter, ein Wissender.

Daraus entsteht eine archetypische Heldenreise: vom Aufbruch über den Fall in die Dunkelheit bis zur Rückkehr mit dem Elixier. Diese Götter lehren nicht moralisch. Sie sind keine Prediger. Sie sind lebendige Geschichten – im Körper des Kosmos und in deinem eigenen Nervensystem.

Hier stelle ich dir vier zentrale Gestalten vor, die als spirituelle Entwicklungsgötter gelten und mit bewusstseinsverändernden Substanzen oder Ritualen verbunden sind.

In einem späteren Abschnitt dieses Buches werde ich ihre Portraits vertiefen und dir Möglichkeiten zeigen, wie du mit ihnen arbeiten kannst.

Shiva – Der Asket und Schöpfer aus der Leere

- Substanz: Ganja, Bhang
- Weg: Askese, Meditation, Trance
- Symbolik: Zerstörung des Alten, Kundalini-Erweckung
- Tod und Wiedergeburt: Auflösung in der Stille, Reemergenz aus der Leere
- Selbst: Mentales Selbst

Shiva repräsentiert das Prinzip des Transzendierens. Seine Beziehung zu Cannabis ist tief verwurzelt – als »Herr des Ganja« nutzt er das Sakrament, um Maya (Illusion) zu durchdringen. In seinem Bild liegt die Aufforderung, sich dem formlosen Sein hinzugeben – um aus ihm neu geboren zu werden.

Dionysos – Der ekstatische Tänzer zwischen Welten

- Substanz: Wein, Myrrhe, eventuell Hanf
- Weg: Ekstase, Tanz, Entgrenzung
- Symbolik: Zerstörung der Form, göttliche Raserei
- Tod und Wiedergeburt: Zerreißung durch die Titanen, Wiedergeburt durch seine Schwestern
- Selbst: Körperliches Selbst

Dionysos steht für den Rausch – das Loslassen des Kontrollierten, das Aufgehen im Kosmos. Sein Sakrament ist der ekstatische Zustand selbst. Er zeigt uns, wie wichtig es ist, das Wilde zu integrieren – und das Heilige im Animalischen zu erkennen.

Jesus – Der göttliche Mensch und Heiler

- Substanz: Gesalbtes Öl (Cannabis?), Wein
- Weg: Mitgefühl, Vergebung, Hingabe
- Symbolik: Kreuzigung, Herzensöffnung
- Tod und Wiedergeburt: Karfreitag und Ostern
- Selbst: Emotionales Selbst

Jesus ist der Archetyp der Liebe durch Leiden. Der Weg des Herzen – einer, der nicht um Schmerz herumführt, sondern ihn transformiert. Sein Sakrament ist der Wein, das Brot, das Teilen. Sein Weg: die Öffnung des Herzens.

Quetzalcoatl – Die gefiederte Schlange

- Substanz: Kakao, Pilze, Cannabis (später integriert)
- Weg: Verbindung von Himmel und Erde, Schöpfertum
- Symbolik: Schlange (Körper) + Federn (Geist)
- Tod und Wiedergeburt: Verbannung, Rückkehr als Morgenstern
- Selbst: Intuitives Selbst

Quetzalcoatl lehrt uns die Integration – Schatten und Licht, Erde und Himmel, Männlich und Weiblich. Er ist der kulturelle Alchemist, der Brücken baut, wo vorher Trennung war.

Warum diese Götter wichtig sind

All diese Götter sind keine bloßen Mythenfiguren – sie sind innere Landkarten. Wenn du mit Cannabis, mit Atem, mit Ritual arbeitest, dann reaktivierst du genau diese Blaupausen. Du durchläufst selbst diese archetypischen Prozesse – bewusst oder unbewusst.

Der Tod ist symbolisch: der Tod alter Identitäten, Glaubenssätze, Prägungen. Wir sagen im Schamanismus oft: »Stirb schnell – lach viel!«

Die Wiedergeburt ist das Erwachen neuer Kräfte, tieferer Erkenntnis, lebendigerer Präsenz.

Diese Götter führen dich. Sie sind die großen Drachenkräfte, die du in dir nähren kannst – nicht um sie zu verehren, sondern um dich selbst zu erinnern: Du bist nicht gemacht, um bloß zu funktionieren. Du bist gemacht, um zu erblühen.

Und wo bleiben die Göttinnen? Woraus besteht ihre archaische Kraft?

Eine spirituelle Geschichte vom ewigen Kreislauf der Fruchtbarkeit

Der Gott, der stirbt – und die Göttin, die bleibt.

Es ist die älteste aller Geschichten, und doch wird sie immer wieder neu erzählt – nicht mit Worten allein, sondern durch Erde, Licht, Träume und Tränen. Es ist die Geschichte von der Großen Göttin und dem sterblichen Gott – von Raum und Bewegung, von Hingabe und Wiederkehr.

Die Große Göttin – das sich stets wandelnde, nie vergehende Sein

Die Große Mutter verändert sich nicht – nicht im Wesen, nicht im Ursprung, nicht im inneren Kern. Sie IST. Sie ist der Raum, in dem alles geschieht – die Matrix des Lebendigen, die Gebärmutter der Welt.

Und doch: Sie trägt zu jeder Zeit ein anderes Gewand –

Im Frühling: grün und zart.

Im Sommer: üppig und leuchtend.

Im Herbst: erdig und reich.

Im Winter: weiß und schwarz, still, unergründlich.

Doch es sind nur Kleider.

Sie selbst bleibt: still, offen, empfangend, gebend.

Die Göttin stirbt nicht.

Sie vergeht nicht.

Sie wandert nicht.

Sie ist das Lied, das gesungen wird – und das Gefäß, das es aufnimmt. Sie ist der heilige Raum.

Der Gott – der sich im Werden verzehrt

Anders der Gott: Er ist Bewegung, Drang, Durchbruch. Er ist das Licht, das aufblitzt – und vergeht. Er ist der Impuls, der Samen, das Opfer.

Er wird geboren und stirbt – wird wiedergeboren – in ewigem Kreislauf. Nicht, weil er schwach ist – sondern weil er der Puls des Lebendigen ist.

Wintersonnenwende – Zeugung im Dunkel
Wenn die Welt im Dunkeln liegt, wenn das Licht am schwächsten brennt, wird der neue Gott gezeugt – unsichtbar, lautlos, im Herzen der Göttin.

In den Raunächten legt sich der göttliche Same in den kosmischen Mutterschoß – noch keine Gestalt, nur Potenzial.

Die Göttin empfängt, ohne zu fordern. Der Gott wird gezeugt, ohne zu wissen, wer er sein wird.

Frühling – Geburt des jungen Gottes
Im Frühling, wenn das Eis schmilzt und das erste Grün erwacht, wird der junge Gott geboren – nicht in Palästen, sondern in Grashalmen, im Vogelruf, im wärmenden Wind.

Er ist das Lamm, das Korn, der Kuss. Er ist Jesus, Dionysos, Baldur – der jungfräuliche Lichtbringer.

Die Göttin gebiert – nicht für sich, sondern für das Leben.

Sommersonnenwende – Hochzeit und Reife
Der junge Gott wächst heran – er wird zum Liebhaber, zum König, zum reifen Mann.

In der Sommersonnenwende tritt er der Göttin gegenüber – nicht mehr als Sohn, sondern als Geliebter. Sie vereinen sich: das Männliche und das Weibliche, das Licht und der Raum, das Feuer und die Erde. Die Heilige Hochzeit – Hieros Gamos.

Aus dieser Vereinigung wird die Welt gesegnet. Alles blüht. Alles lebt. Alles tanzt.

Herbst – Opfer und Tod
Doch das Rad dreht sich weiter. Im Herbst reift das Korn – und wird geschnitten.

Der Gott muss sterben – nicht weil er gesündigt hat, sondern weil sein Tod die Fruchtbarkeit sichert. Er geht zurück in die Erde, in den Schoß der Göttin – bereit zur Wiederkehr.

Der Gott opfert sich für die Gemeinschaft. Und die Göttin nimmt ihn auf – schweigend, still, wissend.

Der Zyklus als heilige Weisheit

Dieser Zyklus ist kein Märchen – er ist ein inneres Gesetz.

Er lebt in deinem Körper, in deinem Atem, in jedem bewussten Übergang, in jeder Hingabe an den Wandel.

Die Göttin – sie ist das Selbst, das ruht.

Der Gott – das Selbst, das wächst, stirbt, erwacht.

Wenn du in Zeremonie trittst, wenn du mit Pflanzengeistern sprichst, wenn du das Alte loslässt und dem Neuen begegnest – dann tanzt du diesen Tanz.

Fazit:

- Die Göttin hält den Raum – der Gott geht den Weg.
- Die Göttin bleibt – der Gott wandert.
- Die Göttin birgt – der Gott opfert.
- Die Göttin empfängt – der Gott wird geboren.
- Die Göttin liebt – der Gott stirbt.
- Und beide sind eins – in der Wiederkehr.

Literatur:

Hanegraaff, W. J. (2012). *Esotericism and the Academy*. Cambridge University Press.

Das Mysterium der Zeugung

Zeugung als spiritueller Ursprung

Die Zeugung ist mehr als ein biologischer Vorgang – sie ist die Verschmelzung zweier Pole: Licht und Materie, Vater und Mutter, Shiva und Shakti.

Ein Lichtimpuls – moderne Wissenschaft zeigt: Bei der Befruchtung wird ein Lichtblitz (Photonenemission) ausgelöst.

Es ist der Moment, in dem sich die Seele inkarniert und ihren energetischen Bauplan erhält.

Diese Information ist tief in uns gespeichert – als schöpferisches Potenzial, als Erinnerung an unsere Herkunft aus Einheit, Licht und Liebe.

Der Unterschied zwischen Religion und Spiritualität

Religion beantwortet: *Wie kann ich erlöst werden?*
Spiritualität fragt: *Wie kann ich erschaffen?*

Warum wir keine neue Religion brauchen, sondern ein neues Verständnis

In einer Zeit der globalen Krisen, der spirituellen Suche und der zunehmenden Verwirrung über den Sinn des Lebens taucht die Frage immer häufiger auf: Brauchen wir neue Religionen? Neue Systeme? Neue Götter?

Die Antwort ist überraschend einfach: nein.

Was wir brauchen, ist kein neues religiöses System, sondern ein tieferes Verständnis dessen, was Religion überhaupt ist – was sie uns ursprünglich geben wollte – und wie sie in unserem inneren Erleben wurzelt.

In den vorherigen Kapiteln haben wir Religion als etwas definiert, das tief mit dem psychischen Urerlebnis der Geburt verbunden ist. Religion ist ein kollektiver Versuch der Menschheit, das erste große Trauma – das Herausfallen aus der Einheit, das Durchqueren von Enge, Angst und Ausgeliefertsein – zu verarbeiten.

Die Geburt ist unser erster Tod – und Religion ist der spirituelle Kompass, der uns hilft, damit umzugehen.

Sie bietet Bilder, Symbole und Rituale, die uns durch die Dunkelheit führen: von der Vertreibung aus dem Paradies bis zur Auferstehung, von der Kreuzigung bis zur Erleuchtung, von der Sünde bis zur Erlösung.

Religion transformiert das Trauma – und öffnet den Weg für das eigentliche Ziel: die Rückbindung (re-ligio) an das Göttliche.

Vom Trauma zum Traum: Religion als Brücke

Religion ist in ihrem tiefsten Wesen ein Übergangssystem. Sie begleitet uns vom Trauma der Trennung in die Vision des Einsseins – vom Erleben der Getrenntheit hin zur Erinnerung an den Ursprung.

Sie ist wie ein inneres GPS durch die Landschaft des Schmerzes, mit dem Ziel, uns zurück in eine lebendige Beziehung zum schöpferischen Prinzip zu führen.

Denn hinter jeder Religion liegt eine Sehnsucht: die Sehnsucht nach Rückkehr, nach Erlösung, nach Wiedervereinigung mit dem Göttlichen. Wenn Religion nicht in Dogma erstarrt, kann sie das Tor zu einer tieferen Wahrheit sein.

Spiritualität beginnt dort, wo der Schöpfungsakt erinnert wird

Spiritualität ist mehr als Religion. Sie ist keine Landkarte – sie ist die Reise selbst.

Wenn Religion das Trauma verarbeitet, dann ist Spiritualität der Raum, in dem der Traum wieder beginnt: der schöpferische Akt, das Licht, das sich erneut entzündet.

Spiritualität ist keine Lehre, sie ist ein Geschehen – der Moment, in dem wir durch Meditation, Ritual, Sakrament oder Hingabe wieder eins werden mit dem, was wir immer waren.

Es ist die Rückkehr zur Quelle – zum Zeugungsakt selbst, dorthin, wo Bewegung und Raum, Männlich und Weiblich, Licht und Leere sich begegnen.

Wie oben, so unten – Wie innen, so außen

Der hermetische Grundsatz »Wie oben, so unten – wie innen, so außen« verweist auf das, was Religion und Spiritualität ursprünglich verbinden sollte: die Entsprechung zwischen Kosmos und Körper, zwischen Mythos und Zellbewusstsein, zwischen göttlicher Ordnung und innerer Wahrheit.

Wenn wir erkennen, dass alles Spirituelle auch eine biologische Entsprechung hat – dass Geburt, Tod und Wiedergeburt nicht bloß metaphysische Begriffe sind, sondern reale Erfahrungen im Körper –, dann wird Religion wieder lebendig.

Dann wird Spiritualität zur gelebten Wirklichkeit, nicht zur Flucht.

Wir brauchen keine neue Religion. Wir brauchen Menschen, die verstehen, woher Religion kommt – und wohin sie führen soll.

Wir brauchen keine neuen Götter, sondern eine Erinnerung an das göttliche Prinzip in uns.

Wir brauchen Rituale statt Regeln. Bewusstheit statt Vorschriften. Erfahrung statt Dogma.

Doch was liegt davor? Gibt es ein Feld, eine Kraft, eine Dimension, die uns das Wissen über Zustände vor der Schöpfung/Zeugung offenbaren?

Die moderne Wissenschaft nähert sich dieser Frage zunehmend an. In ihrer Suche nach dem Ursprung, nach dem Schöpfungsmoment – dem Urknall – hat sie inzwischen das Quantenfeld entdeckt: ein Raum jenseits der Newtonschen Gesetze, jenseits von Raum und Zeit, in dem alles miteinander verbunden ist – oder sich verschränken kann. Und natürlich auch ein Feld für Spekulationen und esoterische Theorien.

Lass uns also wieder eine kleine Brücke bauen – von den alten Geheimlehren in die neuesten Forschungen der Quantenphysik.

Literatur:

Eliade, M. (1957). *The sacred and the profane*. Harcourt

Das Quantenfeld – das Nichtseiende durchdringt das Zwischenraumlose

Wenn wir das Quantenfeld als spirituelles Feld bezeichnen, meinen wir kein stoffliches Feld, sondern ein tiefes Hintergrundprinzip, das die Existenz von Bewusstsein, Information und Schöpfung überhaupt erst ermöglicht.

Es ist nicht »in uns«, aber es wirkt durch uns. Es ist nicht greifbar, aber erfahrbar. Es ist kein Speicher, sondern ein mitschwingendes, sinnstrukturierendes Möglichkeitsfeld.

Und vielleicht ist es genau das, was wir meinen, wenn wir von »göttlicher Ordnung«, »kosmischem Bewusstsein« oder »innerem Wissen« sprechen – nicht ein Etwas, sondern ein Alles, das im Nichts ruht.

Das Feld, das alles verbindet

Was ist das Quantenfeld? Eine physikalische Hypothese, ein Raum reiner Potenzialität – oder ein spirituelles Organ, das uns nicht bloß umgibt, sondern mit allem durchdringt?

Oft sagen wir, das Quantenfeld sei »in uns«. Doch genau genommen ist das eine Illusion. Denn im Quantenfeld existiert kein Innen und kein Außen. Diese Vorstellung entspringt allein unserer 3D-Wahrnehmung, die an Raum, Richtung und Zeit gebunden ist. Das Quantenfeld aber wirkt jenseits von Raumzeit – und damit jenseits aller Dualität.

Trotzdem empfinden wir Resonanz, Berührung, Antwort. Das Paradoxe ist: Das Feld ist überall – und zugleich nirgends. Es ist nicht in uns, sondern wir sind in ihm. Oder genauer: Es ist das, worin Sein überhaupt erst möglich wird.

Quantenphysik: Potenzial und Nichtlokalität

Die moderne Physik kennt das Quantenfeld als Grundlage aller Teilchen und Kräfte:

- Es ist nicht materiell, aber die Quelle aller Materie.
- Es ist nicht zeitlich, aber Ursprung aller Bewegung.
- Es ist nicht lokal, aber Träger von Information und Korrelation.
- Wenn zwei verschränkte Teilchen miteinander verbunden bleiben, obwohl sie sich räumlich trennen, zeigt das die Nichtlokalität des Quantenfelds.

In spiritueller Sprache heißt das:
Es gibt ein Feld, in dem alles verbunden ist – ohne sich je berühren zu müssen.
Aber unser Geist kann es berühren – oder vielmehr: sich erinnern.

Das Quantenfeld als spirituelle Matrix

Wenn wir weiterdenken, ergibt sich eine tiefere Ordnung:
Religion verarbeitet das Geburtstrauma.
Spiritualität erinnert an die Zeugung – den Schöpfungsakt.
Das Quantenfeld aber ist die Blaupause der Schöpfung selbst.

Es enthält all die Ingredienzien, Dynamiken und Potenziale, die es braucht, damit überhaupt Schöpfung geschehen kann. Es ist wie ein kosmischer Hintergrundspeicher – das Urmuster jenseits aller Form. Es wirkt nicht im Moment, sondern vor dem Moment.

Das Quantenfeld ist somit nicht bloß ein energetisches Feld; es ist eine Möglichkeitsschicht – eine tieferliegende, vielleicht die fundamentalste Struktur unseres Daseins.

Resonanz statt Kontrolle

Das Quantenfeld lässt sich nicht kontrollieren – aber es antwortet auf Kohärenz. Nicht auf Druck, sondern auf Klarheit. Es wirkt nicht durch Absicht im gewöhnlichen Sinn, sondern durch Zustand:

- Herzresonanz
- Innerer Frieden
- Wachheit in der Stille

Wenn unser persönliches Magnetfeld, unser Geist und unser Atem in Einklang kommen, antwortet das Quantenfeld mit Synchronizität, Einsicht und Bewegung – nicht, weil wir es befehlen, sondern weil wir mitsingen.

Der Weg ins Quantenfeld – die Kohärenz

Kohärenz ist jener Zustand, in dem Körper, Geist, Seele und Atem miteinander in Einklang schwingen. Sie ist das unsichtbare Feld, in dem Heilung geschieht, Erkenntnis reift und Transformation möglich wird.

Alles, was in diesem Buch entfaltet und vermittelt wird – von der Ernährung über die Atemarbeit bis hin zu rituellen Praktiken – dient letztlich der Kultivierung dieses kohärenten Zustands. Jede Übung, jedes Werkzeug, jede Erfahrung ist ein Baustein auf dem Weg in eine tiefere Ordnung.

Wie tritt man mit diesem Feld in Verbindung? Es gibt keine exakte Methode, aber typische Erfahrungsräume:

- Meditation in die Leere
- Herzatmen
- Gebet
- Cannabis- oder Pflanzenrituale (erweiterte Wahrnehmung)
- Aufstellungsarbeit
- Träume und Zwischenzustände
- Spontane intuitive Eingebungen

Was sie verbindet: die Entspannung des Egos – und der Fokus auf das Innere. Nicht Suche, sondern Empfang.

Das Feld in dir – oder du im Feld?

Das Quantenfeld ist kein Konzept. Es ist ein Erfahrungsraum. Es ist das, was dich atmet, was dich ruft, was dich durchdringt.

Wenn du es als spirituelle Matrix erkennst, beginnst du nicht bloß zu hören – du beginnst zu antworten.

Du wirst Teil des schöpferischen Liedes.
Wie oben, so unten.
Wie Geist, so Feld.
Wie Potenzial, so Wirklichkeit.

Archetypen und innere Bilder helfen dabei, psychische Energien zu erkennen und mit körperlichen Prozessen zu verbinden. Durch ihre Aktivierung im limbischen System und über die Kraft der Vorstellung kann eine tiefe Synchronisation zwischen Psyche und Soma entstehen.

Rituale und Anrufungen führen eine weitere Ebene der Ordnung ein: Sie wirken symbolisch und energetisch, ordnen das Seelenfeld und verbinden uns mit Kräften jenseits des rational Greifbare – dem Quantenfeld.

Auch die äußere Gestaltung – das sogenannte Set und Setting – ist Teil dieser Kohärenzbildung: Ein wohlgestalteter Raum, eine respektvolle Atmosphäre, ein klarer Rahmen spiegeln die innere Ordnung und verstärken sie.

Schließlich ist es die Integration – im Alltag, im Gespräch, in der Erinnerung –, die das Erlebte in den Körper bringt. Kohärenz ist dann keine Erfahrung mehr, sondern gelebte Wirklichkeit. All diese Ebenen zusammen bilden ein Feld, in dem etwas Tieferes zum Vorschein kommen kann.

Der Weg dorthin ist kein gerader Pfad. Er ist ein Zusammenspiel aus achtsam eingesetzten Cannabinoiden, aus Atemritualen, nährender Heilnahrung sowie symbolischer und seelischer Arbeit. Er führt durch Zeremonien, durch Stille, durch Begegnung – und in die Integration all dessen.

Um diesen Weg greifbar zu machen, lässt sich die Arbeit mit dem Grünen Drachen in fünf Kohärenzebenen gliedern:

- Die **energetische Ordnung:** entsteht durch Atemarbeit, Bewegung, Meditation und die Anwendung von Pflanzenenergie.
- Die **emotionale Ordnung:** wird gestärkt durch die Arbeit mit inneren Archetypen, mit dem Schatten und dem verletzlichen Anteil in uns.
- Die **mentale Ordnung:** richtet sich durch Intention, Fokus und die Schulung von Bewusstsein.
- Die **spirituelle Ordnung:** entsteht im rituellen Raum – im Dialog mit dem Unsichtbaren, in der Anrufung des Heiligen.
- Und schließlich führt alles in eine **soziale Ordnung:** manifestiert sich in Kreisen, in Beziehungen, im bewusst gelebten Dasein im Alltag.

Kohärenz ist das Ziel – aber nicht als fester Zustand, sondern als lebendige Praxis.

Sie ist ein Weg, ein Tanz, ein Werden.

Und alles, was du in diesem Buch findest, sind Werkzeuge, um diesem Tanz mit mehr Klarheit, Tiefe und Wahrhaftigkeit zu begegnen.

Literatur:

Bohm, D. (1980). *Wholeness and the implicate order*. Routledge.

Penrose, R. & Hameroff, S. (2014). *Consciousness in the universe. Physics of Life Reviews*, 11(1), 39–78.

Arbeit mit den Archetypen – die großen Drachenkräfte

Ich möchte dich jetzt einladen – zu einer besonderen Archetypen-Arbeit.

Die Arbeit mit den vier großen Drachen

In deinem Inneren schlummern Kräfte, die älter sind als jede Sprache, älter als dein Name, älter als deine Erinnerung. Diese besonderen Archetypen sind große, universelle Prinzipien des Menschseins. Sie haben Religionen und Kulte auf der ganzen Welt geprägt – und tun es heute noch.

Es sind die vier archetypischen Lehrer, denen wir bereits begegnet sind: Sie verkörpern die unterschiedliche Aspekte unserer Transformation: Weisheit, Ekstase, Heilung und Evolution.

Diese Kräfte sind nicht bloß mythologische Figuren – sie sind lebendige Felder. Und du kannst mit ihnen arbeiten und sie in dir erwecken.

Sie bringen Ordnung in das Chaos innerer Prozesse. Sie schenken dir Orientierung, wenn du dich in der Weite des Bewusstseins verlierst. Und sie geben dir Sprache für Erfahrungen, die sonst sprachlos bleiben.

Cannabis dient uns dabei als Schlüssel – als Toröffner. Es öffnet Räume, senkt psychologische Schutzschichten, verbindet neuronale Netzwerke neu.

In dieser Offenheit werden Archetypen spürbar. Sie erscheinen nicht wie Halluzinationen, sondern wie verdichtete Wahrheiten – intuitiv, symbolisch, oft berührend real.

Cannabis ist kein Garant, aber ein Katalysator. Wenn du bereit bist – wenn deine Intention klar ist –, kann die Pflanze dir helfen, diesen inneren Kräften zu begegnen.Jede dieser Kräfte trägt eine andere Frequenz – und jede ist zugleich ein Teil von dir:

Shiva – der Weise Drache

Shiva ist der Ur-Schamane. Der, der Altes zerstört, damit Neues entstehen kann. Er sitzt still. Atmet tief. Sieht alles. Seine Kraft ist Stille, Klarheit, Auflösung.

Er ruft dich zur Innenschau.

Dionysos – der Wilde Drache

Dionysos ist Ekstase. Er tanzt über Grenzen, trinkt, lacht, schreit. Er will, dass du deine Ketten sprengst.

Er ruft dich zum Loslassen.

Ganesha

Jesus/Christus – der heilende Drache

Christus ist Herz. Nicht Kreuzigung, sondern Erlösung durch Mitgefühl. Er ist die Einladung zur Selbstvergebung und Verbundenheit.

Er ruft dich zur Liebe.

Quetzalcoatl – der evolutionäre Drache

Die gefiederte Schlange. Erde und Himmel in einem Wesen. Er ist nicht bloß Symbol – er ist lebendige Kraft.

Er ruft dich zur Transformation.

Ganesha/Merkur/Hermes - der Alchemist und Bote

Merkur ist kein Drache, aber er ist der Vermittler zwischen ihnen. Er ist der Gott der Cannabinoide – der, der kommuniziert, übersetzt, verbindet.

Er erinnert dich:

Worte sind Magie. Gedanken sind Schöpfung.

Alles, was du aussprichst, wirkt.

Wenn du mit Cannabis arbeitest, arbeitest du auch mit Hermes/Ganesha. Denn die Cannabinoide selbst sind die Botenstoffe deines inneren Systems.

In den nächsten Kapiteln schauen wir uns diese großen Drachenkräfte genauer an – und ich gebe dir einige Übungen und Techniken, um mit ihnen in tieferen Kontakt zu treten.

Literatur:

Grof, S. (2008). *Psychologie der Zukunft*. Arbor.

Metzner, R. (1998). *Ayahuasca*. Thunder's Mouth Press.

Shiva – der Urschamane und Hüter der Transformation

Shiva ist einer der tiefgründigsten und mächtigsten Archetypen im hinduistischen Pantheon. Er verkörpert nicht bloß Zerstörung und Neubeginn, sondern auch Askese und ekstatischen Tanz, Stille und wildes Erwachen. In ihm begegnen sich Gegensätze – und lösen sich auf. Er ist der Urschamane, der in vollkommener Einheit mit Naturkräften, Tod, Stille und kosmischem Bewusstsein lebt.

Sein Bild – mit Asche bedeckt, in tiefer Meditation versunken oder im Tanz des Universums wirbelnd – symbolisiert das Paradox des göttlichen Selbst: leer und doch voll, tot und doch unendlich lebendig.

In der hinduistischen Mythologie wird Shiva mehrfach mit Cannabis in Verbindung gebracht. In der Geschichte des Samudra Manthan, der kosmischen Ozeanrührung, entsteht nicht das ersehnte Amrita der Unsterblichkeit, sondern ein tödliches Gift namens Halahala. Shiva trinkt es, um das Leben selbst zu retten – und wird vergiftet. Seine Gefährtin Parvati reicht ihm daraufhin eine mit Cannabisblättern zubereitete Medizin, Bhang, um das Gift zu mildern.

Eine andere Legende erzählt, wie Shiva, wütend und erschöpft, sich aus der Welt zurückzieht, durch die Berge streift, Cannabis entdeckt und es zu sich nimmt – ein Akt tiefer Selbstfürsorge, eine Rückverbindung zu sich selbst.

Diese Geschichten sind mehr als Mythen. Sie erzählen von Shiva als Grenzgänger, Heiler, Visionär – als Wesen, das sich nicht scheut, in die Tiefen zu gehen und durch die Kraft der Pflanze wieder aufzusteigen. Shiva ist nicht bloß der göttliche Asket, sondern auch der, der durch das Gift hindurchgeht – durch Trauma, Schatten, Tod – und transformiert.

Die Verbindung zwischen Shiva und Cannabis ist im kulturellen Gedächtnis Indiens tief verankert. Bhang – ein mit Milch, Gewürzen und Cannabisblättern zubereitetes Getränk – wird seit Jahrhunderten in religiösen Feiern wie Maha Shivaratri oder Holi gereicht. Es gilt als heilige Medizin, nicht als Rauschmittel.

Auch die Praxis des Charas-Rauchens – das Inhalieren von handgerolltem Harz in einem Chillum – ist besonders unter Shaiva-Mönchen wie den Naga Sadhus oder den ekstatischen Aghoris verbreitet. Dabei geht es nie um Flucht, sondern um transzendente Präsenz – um das Auflösen des Ego im Rauch des Heiligen.

Wenn du beginnst, mit dem Shiva-Archetypen zu arbeiten, betrittst du einen Raum tiefer innerer Alchemie. Es geht um Transformation und Auflösung. Alte Bilder von dir selbst – Ängste, Masken, mentale Konstrukte – können sich lösen.

Der Raum wird leer. Und genau in dieser Leere kann eine neue Klarheit entstehen – eine meditative Weite, die nicht mehr erklärt, sondern einfach ist. Die Arbeit mit Shiva öffnet oft das Tor zu Visionen, zu Zuständen jenseits der Gedanken – zu Samadhi, zu Ananda, zur Glückseligkeit, die aus der Tiefe kommt.

Diese Arbeit verlangt Mut, denn Shiva ist kein bequemer Archetyp. Er ist nicht nett, aber er ist radikal heilsam. Wer sich ihm wirklich zuwendet, begegnet sich selbst auf einer Ebene, die frei ist von Rollenspiel und Anpassung. Shiva steht für Reinigung durch Feuer, für Heilung durch Konfrontation – für die Kraft, durch den Schmerz hindurch in neue Räume zu treten.

Wenn du mit Shiva arbeitest, beginne mit einer klaren Intention. Lade ihn bewusst ein. Formuliere in deinem Herzen einen inneren Satz wie: »Ich wende mich an Shiva. Ich bitte um Reinigung, Klarheit und Transformation.« Baue dir einen einfachen Altar. Ein Bild von Shiva, eine Kerze, etwas Räucherwerk – Sandelholz, Myrrhe oder Copal sind passende Begleiter. Sprich das Mantra »Om Namah Shivaya« – oder einfach: »Shiva, ich bin bereit.«

Der Vaporizer – ein Werkzeug moderner Alchemie: Nutze Cannabis in kleiner, achtsamer Dosis. Ein bis drei Züge aus dem Vaporizer genügen oft vollkommen. Bleibe mit deiner Aufmerksamkeit beim Atem. Spüre dein Hara, deinen Bauchraum, dein Becken. Lass den Atem langsam und weich fließen. Nimm wahr, was sich in dir regt: Bilder, Körperempfindungen, Gefühle. Es muss nichts Spektakuläres geschehen – die Tiefe zeigt sich oft in der Stille zwischen den Gedanken.

Nach der Session schreibe deine Eindrücke auf. Oder bewege dich langsam, wie in einem Tanz, der aus deinem Innersten kommt. Lasse die Erfahrung nachklingen. Vielleicht merkst du, dass dein Alltag sich verändert. Dass du klarer Nein sagen kannst. Dass du innerlich ruhiger wirst. Dass du dich weniger von äußeren Dramen verstricken lässt. Das ist Shiva in dir – die Kraft, das Wesentliche zu sehen.

Auch aus wissenschaftlicher Sicht zeigt sich hier eine interessante Entsprechung: THC bindet besonders stark an CB_1-Rezeptoren in jenen Gehirnarealen, die mit Intuition, Emotion und transzendenter Erfahrung verknüpft sind – dem limbischen System, dem präfrontalen Cortex. Studien belegen, dass Cannabis mystische Erfahrungen vertiefen kann – genau wie Shiva das Gift des Lebens trank und daraus Transformation gebar.

Shiva ist der Bewahrer des Gleichgewichts zwischen Chaos und Ordnung, zwischen Rückzug und ekstatischem Tanz, zwischen Tod und Neubeginn. Seine Energie hilft dir, dich zu häuten, Vergangenes loszulassen, Klarheit zu finden, Präsenz zu verkörpern. Die Arbeit mit dem Shiva-Archetypen ist kein Selbstzweck – sie ist Teil eines größeren Weges: des Weges des Grünen Drachen. Ein Pfad der Integration, der Alchemie, der inneren Freiheit.

Wenn du bereit bist, deine Masken abzulegen und dich dem Wesentlichen zu stellen, wird Shiva dich lehren – nicht durch Worte, sondern durch das Feuer der Erfahrung.

Literatur:

Bennett, C. (2010). *Cannabis and the Soma solution.* Trine Day.

Daniélou, A. (1964). *Shiva and Dionysos.* Inner Traditions

Dionysos – der Befreier emotionaler Blockaden

Dionysos ist ein Archetyp von gewaltiger Sprengkraft – und gleichzeitig von tiefer Zärtlichkeit. Er ist der Gott des Weines, des Wahnsinns, der Ekstase, des Tanzes, der Auflösung aller Grenzen. Er erscheint lachend und weinend, maskiert und entblößt, weiblich und männlich zugleich. Seine Erscheinung ist ambivalent – und gerade darin liegt seine Kraft: Er zersprengt die Form, damit das Leben selbst wieder fließen kann.

Dionysos ist in gewisser Weise ein westlicher Spiegel des Shiva – insbesondere des tanzenden Shiva, Nataraj. Beide durchqueren das Chaos, um zum Herz der Ordnung zurückzukehren. Beide sind Götter des ekstatischen Zustands, beide kennen die Dunkelheit, die Trance, den Wahnsinn – nicht als Krankheit, sondern als Schwelle. Dionysos jedoch gehört zur europäischen Mythosphäre. Er ist Kind des Mittelmeerraums, verwoben mit den Mysterien von Eleusis, mit dem Orphismus, mit den Wurzeln des Theaters, der Musik und – vielleicht unterschätzt – auch mit den Ursprüngen christlicher Riten.

Im Kult um Dionysos spielte der ekstatische Tanz eine zentrale Rolle. Die Menschen tanzten sich in Trance, verloren ihre soziale Maske, verließen für kurze Zeit das starre Ich. In dieser Form des rituellen Rausches – und hier ist »Rausch« nicht im Sinne von Entgrenzung gemeint, sondern von Bewusstseinserweiterung – geschah Heilung. Emotionale Konflikte, Spannungen, tiefsitzende Schmerzen konnten sich im Tanz, im gemeinsamen Beben, im Schweben, im Lachen und Weinen lösen. Es entstand eine neue soziale Ordnung. Keine Hierarchie, sondern ein Fluidum – ein kollektiver Strom von Leben, in dem jede Person wieder in ihren Platz hineinschmolz.

Cannabis kann, richtig eingesetzt, ein Vehikel für diese dionysische Energie sein – besonders, wenn es mit Musik, Bewegung und rhythmischer Atmung verbunden wird. Es öffnet das Tor nach innen – und zugleich nach außen, zum Tanz mit den anderen, mit dem Moment, mit dem Leben selbst. Während Alkohol, das traditionelle Medium des Dionysos, oft enthemmt und auslaugt, kann Cannabis mit dem richtigen Setting und der passenden Dosis ein Instrument der Bewusstwerdung und der rituellen Befreiung sein.

Dionysos ruft dich auf, dich hinzugeben. Er lädt dich ein, die Scham zu verlieren. Die Kontrolle loszulassen, die Trennung zwischen dir und dem Leben aufzuheben. Du wirst nicht aufgelöst – du wirst durchlässig. Und in dieser Durchlässigkeit kann eine Kraft fließen, die du vielleicht vergessen hattest: Lebenslust,

Spiel, Lust zu weinen, Lust zu lachen, Lust zu leben – einfach so, ohne Zweck, ohne Rechtfertigung. Oder um deine angestaute Wut rauszulassen

Wenn du mit dem Dionysos-Archetypen arbeitest, bereite dich auf Bewegung vor. Beginne mit einem stillen Moment, in dem du Cannabis in Achtsamkeit einnimmst – idealerweise im Stehen, barfuß, mit geschlossenen Augen. Spüre den Atem, spüre die Erde, spüre den Impuls zur Bewegung, zum Schwingen, zum Kreiseln. Lass Musik erklingen – nicht irgendeine Playlist, sondern Klang, der dich in deine Tiefe führt: Trommeln, Stimmen, archaische Melodien. Und dann – gib dich hin.

Lass deinen Körper sprechen. Lass ihn tanzen, wie er noch nie getanzt hat. Lass ihn zittern, rollen, sich beugen, sich ausbreiten. Es ist nicht wichtig, wie es aussieht – wichtig ist, dass du fühlst, was sich lösen will. Tränen können kommen. Lust kann kommen. Trauer kann auftauchen. Wut kann sich zeigen. All das ist willkommen im Raum des Dionysos. Er ist nicht zimperlich. Aber er ist liebevoll. Er will nicht dein Chaos – er will deine Echtheit.

Nach einem dionysischen Ritual ist Integration entscheidend – nicht im Sinne einer mentalen Aufarbeitung, sondern durch Körperpräsenz, durch Stimme, durch Dialog. Teile, was du erlebt hast. Schreibe es auf. Zeichne es. Oder lege dich hin und spüre nach. Oft wirken dionysische Erfahrungen noch Tage nach – wie ein inneres Zittern, das langsam in eine neue Ordnung mündet.

Dionysos zeigt dir: Du musst nicht perfekt sein. Du darfst wild sein. Roh. Zärtlich. Zerbrechlich. Lebendig. Deine Tränen sind kein Scheitern, sondern ein Segen. Dein Lachen ist kein Ausrutscher, sondern eine Rückkehr zu dir selbst. Und in der Bewegung erkennst du: Du bist Teil eines größeren Tanzes. Du bist nicht allein. Du bist eingeladen.

Literatur:

Otto, W. F. (1933). *Dionysos: Mythos und Kultus*. Klostermann.

Jesus - der Archetyp der Liebe und der Vergebung

Wenn du mit dem Jesus-Archetypen arbeitest, betrittst du das Reich des Herzens – nicht das sentimentale Herz, sondern das Herz als geistiges Zentrum deiner Wahrnehmung, deiner Menschlichkeit, deines göttlichen Ursprungs. Jesus steht in dieser Arbeit nicht für Religion. Er steht für bedingungslose Liebe, für die Fähigkeit, zu vergeben – dir selbst und anderen. Für das tiefe Wissen, dass du gut bist, dass du geliebt bist und dass dein Wesen göttlich ist – egal, was du in deinem Leben getan oder nicht getan hast.

Denn das ist vielleicht das Schwerste für viele Menschen: sich selbst zu vergeben. Nicht aus einem moralischen Urteil heraus, sondern aus Mitgefühl mit dem, der du damals warst. Vielleicht warst du voller Angst. Vielleicht warst du in Not. Vielleicht hattest du keine andere Wahl. Vielleicht wusstest du es einfach nicht besser. Es ist vorbei. Du kannst es nicht rückgängig machen – aber du kannst es verwandeln.

Was du als Fehler betrachtest, war ein Lehrer. Manche Lehrer sind sanft, andere hart. Manche kosten dich kaum etwas, andere kosten dich Jahre, Geld, Tränen, Beziehungen, Gesundheit. Aber sie sind gekommen, weil du wachsen wolltest. Und der Jesus-Archetyp hilft dir, das zu erkennen – nicht in Form von Reue, sondern in Form von Reifung.

Wenn du dich auf Jesus einlässt, wirst du gebeten, in dein Herz zu hören. Dort liegt deine Wahrheit – nicht in deiner Biografie, nicht in deinem Image, nicht in deinen Selbstbildern. Spüre dein Herz. Spüre, wo es weich ist. Spüre, wo es noch verschlossen ist. Wo du dich selbst noch abwertest, wo du andere verurteilst, wo du Groll trägst – auf Eltern, Partner, Exfreunde, Institutionen, Systeme, auf das Leben selbst.

Der Jesus-Archetyp ruft dich auf: Komm in Frieden – mit dir, mit den anderen, mit der Welt.

Schau genau hin.: Gibt es noch offene Wunden? Gibt es jemanden, dem du verzeihen möchtest, aber nicht kannst? Vielleicht weil du glaubst, dass es sonst zu leicht wäre. Dass du dann schwach wärst. Dass du dich verrätst. Aber Vergebung ist keine Schwäche – sie ist ein Akt spiritueller Selbstermächtigung. Denn solange du Groll trägst, trägst du Last. Und Jesus lädt dich ein, diese Last abzugeben – nicht um sie zu verdrängen, sondern um dich zu befreien.

Auch in deiner Beziehung zum anderen Geschlecht – oder zu deiner eigenen

Jesus

Geschlechtsidentität – kann der Jesus-Archetyp heilend wirken. Vielleicht hast du alte Wunden aus Partnerschaften. Vielleicht bist du queer, nicht-binär oder auf andere Weise nicht im Einklang mit den gesellschaftlichen Erwartungen. Vielleicht hast du dich selbst dafür abgelehnt, bekämpft oder versteckt. Jesus sagt: Das spielt keine Rolle. Du bist ein göttliches Geschöpf – nicht erschaffen durch Erziehung oder Ideologie, sondern durch eine schöpferische Kraft, die dich genau so gewollt hat, wie du bist.

In der Arbeit mit Jesus geht es darum, dich zu erinnern, wer du wirklich bist: ein Wesen aus Licht und Liebe, durchdrungen von menschlicher Erfahrung. Und es geht darum, dich zu gestalten – nicht nach Normen, sondern nach Wahrheit. Nicht um anderen zu gefallen, sondern um ganz du selbst zu sein: frei, offen, verbunden, friedlich.

Ein Ritual mit Jesus beginnt oft still. Du brauchst keine großen Symbole – aber vielleicht ein kleines Kreuz, ein Herz aus Stein oder Holz, eine Kerze. Nimm Cannabis in einer feinen Dosis, setze dich aufrecht, spüre deinen Atem. Lege die Hände auf dein Herz. Atme tief – und frage dich: Wen oder was muss ich heute vergeben? Vielleicht kommt eine Person. Vielleicht ein Bild. Vielleicht einfach du selbst.

Lass zu, was auftaucht, und sprich innerlich oder laut: »Ich vergebe mir. Ich vergebe dir. Ich öffne mein Herz. Ich bin bereit zu lieben. Ich bin bereit, mich selbst ganz zu empfangen.«

Die Wirkung kann subtil sein oder tiefgehend. Du wirst vielleicht weinen – oder einfach nur atmen. Manchmal genügt ein einziger Moment der Herzöffnung, um Wochen oder Jahre innerer Starre zu lösen. Vielleicht spürst du auch eine neue Weichheit in deiner Stimme, eine neue Wärme in deinen Beziehungen.

Nach der Session schreibe, singe oder teile deine Erfahrung. Sprich mit Menschen, denen du vertraust. Oder geh in die Natur, in Stille. Spüre dein Herz als Zentrum deines Lebens.

Die Arbeit mit dem Jesus-Archetypen ist ein Weg in dein inneres Zuhause. Kein Dogma, keine Religion – sondern eine Rückkehr in das Herzfeld des Seins. Und wenn du dieses Herzfeld in dir gefunden hast, wirst du auch anderen dort begegnen – nicht als Gegner oder Rollen, sondern als Seelen. Und dann ist es ganz natürlich, dass du sie so annimmst, wie du dich selbst angenommen hast – in ihrer Einzigartigkeit, Schönheit und Größe.

Literatur:

Crossan, J. D. (1994). *Jesus: A Revolutionary Biography*. HarperOne

Quetzalcoatl – die geflügelte Schlange, der Phönixdrache

Quetzalcoatl, die gefiederte oder geflügelte Schlange, ist einer der zentralen Archetypen der mittelamerikanischen Hochkulturen. In ihr vereinen sich Gegensätze: Himmel und Erde, Tier und Gott, Instinkt und Vision. Sie ist keine lineare Figur, sondern ein lebendiges Symbol für das Zusammenspiel von Naturkräften, für Transformation, für das alchemistische Zusammenschmelzen innerer Polaritäten. In gewisser Weise ist Quetzalcoatl die Kundalini Mesoamerikas – eine aufsteigende, sich schlängelnde Kraft, die im Körper erwacht und sich zum Licht erhebt.

Sie steht für die Fähigkeit des Menschen, sich selbst neu zu erfinden. Sie ist kein erleuchteter Guru, sondern ein Wesen, das tief mit dem Leben verbunden ist – mit dem Atem der Erde, mit der Dunkelheit der Unterwelt und dem Licht der Sterne. Sie kann hinabsteigen in die Unterwelt der Dämonen und hinauffliegen in die Reiche der Engel. Sie vereint diese Welten – nicht als abstrakte Idee, sondern als konkrete Kraft im Körper, im Nervensystem, in der Seele.

Wenn du mit dem Archetypen Quetzalcoatl arbeitest, betrittst du ein Feld der Regeneration. Hier geht es nicht um Selbstoptimierung oder spirituelle Leistung, sondern um Rückverbindung – um eine tiefe Heilung, die geschieht, wenn Gegensätze sich umarmen, wenn das Unbewusste integriert wird, wenn deine inneren Widersprüche nicht mehr bekämpft, sondern als Bausteine deiner Ganzheit erkannt werden.

Quetzalcoatl wirkt in Wellen – wie eine Schlange, die sich durch deinen Körper windet, wie ein Hauch, der durch deine Gedanken streift, wie ein Impuls, der dich wachrüttelt: Erinnere dich, wer du bist. Nicht als Konzept, sondern als schöpferische Kraft. Denn Quetzalcoatl ist auch ein Kulturbringer. In den alten Überlieferungen der Tolteken und Azteken brachte er den Menschen das Feuer, den Kalender, die Kunst des Webens, das Maß der Felder, die Sprache, die Dichtung. Er ist der Archetyp des schöpferischen Menschen – der, der nicht bloß heilt, sondern gestaltet.

Wenn du mit Quetzalcoatl arbeitest, beginne mit einer einfachen Ausrichtung. Du brauchst keinen prunkvollen Altar – ein Stein, eine Feder, eine Schlange aus Ton oder Holz, etwas, das für dich die Verbindung zur Erde und zum Himmel spiegelt, genügt. Setze dich aufrecht hin oder lege dich flach auf den Boden. Atme tief. Spüre deinen Körper. Stelle dir vor, wie eine leuchtende Schlange in deinem Becken ruht – weich, ruhig, wach.

Nimm Cannabis in kleiner, respektvoller Dosis. Beginne mit bewusster Atmung. Spüre, wie sich dein Körper mit Licht füllt. Vielleicht beginnst du, dich sanft zu bewegen – in Wellen, in Spiralen. Lass es geschehen. Spüre die Schlange in dir. Sie tanzt nicht wie Dionysos, sie springt nicht wie Shiva. Sie gleitet – aus der Tiefe, in die Weite, durch deine Wirbelsäule, dein Herz, dein drittes Auge, deine Stimme, deine Hände. Und vielleicht flüstert sie dir zu: Erinnere dich, was du der Welt schenken wolltest.

Denn Quetzalcoatl ist auch ein Aufruf zur Verantwortung. Nicht moralisch – sondern schöpferisch.

- Was ist dein Geschenk?
- Was möchtest du in diese Welt bringen?
- Was schlummert in dir, das sich ausdrücken möchte – als Lied, als Bewegung, als Projekt, als heilender Impuls? Die gefiederte Schlange sagt dir: Du bist hier, um etwas zu geben – nicht als Pflicht, sondern aus Freude.

Nach einer solchen Reise ist es hilfreich, dich zu erden. Geh barfuß auf die Erde, bade dich in Wasser, trommle sanft, zeichne oder schreibe. Gib der Schlange Form – mit deinen Händen, deiner Stimme, deiner Zeit. Und beobachte, wie sich deine innere Energie wandelt. Vielleicht bist du wacher, weicher, inspirierter – oder einfach friedlicher.

Du musst nicht an Götter glauben, um diese Kraft zu erfahren. Du musst nur bereit sein, dich einzulassen – auf das, was sich in dir bewegt, auf das, was du lange unterdrückt hast, auf das, was neu entstehen möchte.

Quetzalcoatl wird dir nichts aufzwingen. Aber wenn du zuhörst, wenn du atmest, wenn du tanzt, dann wirst du sie spüren – die leuchtende Schlange in dir, die Kreatur der Heilung, der Bringer deines Vermächtnisses.

Weitere Archetypen – Einladung zur eigenen Entdeckung

Natürlich gibt es noch viele weitere Archetypen, die dich auf dem Weg des Grünen Drachen begleiten können. Jeder Mensch trägt ein ganzes Pantheon an inneren Kräften in sich – manche sind vertraut, andere warten noch darauf, entdeckt zu werden. Du bist frei, mit ihnen zu experimentieren, sie einzuladen, sie zu nähren und ihre Qualitäten in dir zu entfalten.

Wenn dich zum Beispiel die nordische Mythologie ruft, dann könnte Odin ein spannender Begleiter sein. Er ist nicht bloß der Göttervater, sondern auch ein Suchender, ein Schamane, ein Reisender zwischen den Welten. Odin hat sich selbst geopfert, um Weisheit zu erlangen, und war bekannt dafür, auch

Rauschpflanzen zu nutzen, um das verborgene Wissen der Runen zu entschlüsseln. Seine Energie ist eine Mischung aus Kriegerkraft, Weisheit und Wahn – eine gefährliche, aber tief transformierende Kombination.

Ein ganz besonderes Feld öffnet sich, wenn du mit den weiblichen Archetypen arbeitest. Diese Kräfte sind oft nicht linear oder zielgerichtet, sondern verkörpern Zustände, Seelenqualitäten und elementare Seinsweisen. Die Göttinnen repräsentieren keine Aufgaben, sondern Dimensionen. Sie fordern dich nicht zu Taten auf – sie laden dich ein, in ihrer Frequenz zu verweilen:

- Göttinnen der Liebe und Fruchtbarkeit
- Göttinnen der Angst
- Göttinnen der Zerstörung
- Göttinnen des Schmerzes
- Göttinnen des Loslassens

Kali, Hekate, Freyja, Isis, Lilith – sie stehen für rohe, oft ungezähmte Seelenkräfte. Ihre Energie wirkt nicht durch Zielsetzung, sondern durch Präsenz. Sie zu rufen, bedeutet, dich dem hinzugeben, was ist – auch wenn es dunkel, chaotisch oder erschütternd ist.

Während viele männliche Archetypen oft für Transformation, Aufstieg, Erkenntnis oder Heldentum stehen, führen dich die weiblichen Kräfte in tiefere Erdung, in emotionale Tiefe, in das Annehmen des Unausweichlichen. Sie fordern keine Veränderung – sie fordern Hingabe.

Wer mit weiblichen Archetypen arbeitet, der begegnet oft nicht einer »Göttin da draußen«, sondern einem Zustand in sich selbst. Die Angst wird zur Lehrerin, die Lust zur Kraftquelle, die Trauer zur Priesterin, die Liebe zur Quelle aller Dinge.

Diese Arbeit verlangt Mut – nicht, um etwas zu leisten, sondern um etwas zuzulassen und sich auf die eigene Tiefe oder seinen Schatten einzulassen. Nicht alles muss erklärt oder kontrolliert werden. Manche Kräfte wirken im Dunkel, im Gefühl, im nicht benennbaren Erleben. Und gerade darin liegt ihre Magie

Literatur:

Townsend, R. F. (1983). *The Feathered Serpent and the Flowering Tree.* American Museum of Natural History.

Eliade, M. (1969). *Yoga: Immortality and Freedom.* Princeton University Press.

Der Mond – Taktgeber und Influencer

Der Mond ist mehr als nur ein leuchtender Himmelskörper. Er ist ein kollektiver Taktgeber für das emotionale Feld der Menschheit – und ein uraltes Symbol für Wandel, Empfänglichkeit und inneres Erleben. In spirituellen Traditionen galt der Mond stets als das Reich des Weiblichen, des Unbewussten, des Zyklischen. In der Astrologie regiert er das Zeichen Krebs – das Zuhause, die Mutter, die Gefühle.

Doch jenseits der Symbolik hat der Mond eine ganz reale, spürbare Wirkung auf uns – nicht nur auf das Wasser der Erde, die Gezeiten, sondern auch auf das »Wasser« in uns: unsere Emotionen, unser Nervensystem, unsere inneren Rhythmen.

Der Mond als emotionales Resonanzfeld

Der Mond bewegt sich etwa alle 2,5 Tage in ein neues Tierkreiszeichen – und mit jedem Wechsel verändert sich subtil die Grundmelodie der Gefühle, die in uns wirkt. Diese »Mondstimmung« ist oft unbewusst, aber stark – ähnlich wie das Wetter: Es beeinflusst unser Innenleben, auch wenn wir es nicht immer benennen können. Diese wechselnden Einflüsse sind hochgradig individuell, aber sie erzeugen kollektive Schwingungen, die ganze Tage färben können – und bei sensiblen Menschen besonders deutlich spürbar sind.

Was geschieht, wenn Cannabis dazukommt?

Cannabis öffnet das emotionale und sensorische Feld. Es senkt Filter im Gehirn, moduliert limbische Prozesse, erweitert die Wahrnehmung nach innen und außen. Dadurch wird das, was »im Hintergrund« wirkt – eben auch der Mond – plötzlich deutlich spürbar.

Man kann sagen:

Cannabis schenkt den Mondkräften Farbe und verstärkt sie. Was vorher eine vage Ahnung war – ein Gefühl, ein Impuls, ein innerer Windhauch – wird durch Cannabis konkret, spürbar, transformativ.

Unter Cannabis-Einfluss werden die lunaren Frequenzen nicht bloß wahrgenommen, sondern körperlich und emotional erlebt. Das kann heilsam sein (z. B. Tränen beim Krebs-Mond), inspirierend (Visionen bei Fische-Mond) oder auch herausfordernd (Konfliktthemen beim Skorpion- oder Steinbock-Mond).

Cannabis wirkt dabei wie ein Vergrößerungsglas für das lunare Bewusstseinsfeld.

Die drei Arten, wie der Mond Cannabis-Rituale beeinflusst

1. Emotionale Qualität

Der Mond »färbt« die emotionale Grundschwingung des Rituals. Ob das Setting eher weich, kämpferisch, tief, kreativ, schützend oder auflösend wird, hängt stark vom Zeichen ab, in dem der Mond steht.

2. Empfänglichkeit für Rituale und Intention

In bestimmten Mondzeichen fällt es leichter, bestimmte Absichten zu setzen:

- Jungfrau – Klärung, Reinigung
- Löwe – Selbstausdruck, kreative Rituale
- Fische –Auflösung, Hingabe, kosmische Kommunikation

3. Verstärkung körperlicher und energetischer Effekte

Der Mond beeinflusst Flüssigkeiten, Hormone, Schlaf, Träume, Nervensystem – allesamt auch Wirkfelder von Cannabis. In Kombination kann es zu verstärkten Empfindungen kommen, z. B.:

- intensivere Körperwahrnehmung
- lebhaftere Träume
- stärkere emotionale Reaktionen
- plötzliche Erkenntnisse oder Erinnerungsfluten

Wenn du Cannabis achtsam, rituell und mit astrologischem Hintergrundwissen nutzt, wird der Mond zu einem aktiven Mitspieler in deinem Heil- und Erkenntnisprozess. Er liefert das emotionale Grundklima, in dem die Pflanze wirken kann. Je bewusster du dieses Klima kennst und integrierst, desto gezielter kannst du Rituale planen – oder auch schwierige Erfahrungen als Teil eines größeren zyklischen Prozesses verstehen.

Der Mond ist kein Beiwerk – er ist ein kosmischer Spiegel deiner Innenwelt. Und Cannabis hilft dir, diesen Spiegel zu betreten.

Literatur:

Cajochen, C. et al. (2013). Evidence that the lunar cycle influences human sleep. *Current Biology*, 23(15), 1485–1488.

Cutler, W. B. & Garcia, C. R. (1986). Human menstrual cycles and lunar phase. *American Journal of Obstetrics and Gynecology*, 155(4), 786–789.

Eliade, M. (1957). *The Sacred and the Profane*. Harcourt.

Der Mond und seine Wirkung in den Tierkreiszeichen

Hier eine erste astrologisch-rituelle Matrix:

Zeichen	Mondenergie	Wirkung auf Cannabis-Rituale
Widder	impulsiv, direkt, feurig	körperlich aktivierend; gut für Trancetanz, Energiekick, Initiation
Stier	sinnlich, stabil, erdend	perfekt für körperliche Genussrituale; Pflanzenkommunikation, Erdverbindung
Zwillinge	geistig, kommunikativ, neugierig	gut für Journaling, Selbstgespräch, Gedankenreisen; Vorsicht bei Überaktivierung
Krebs	emotional, introvertiert, nährend	ideal für innere Kind-Arbeit, Ahnenthemen, Tränenrituale
Löwe	Selbstbewusst, verspielt, launisch	Fokus auf Selbstausdruck: Wie stelle ich mich dar,? Wie zeige ich mich? wo ist mein Leuchten?
Jungfrau	analytisch, reinigend, geerdet	klärende Cannabis-Mikrodosierungen, Detox-Rituale, Körperachtsamkeit
Waage	ausgleichend, ästhetisch, beziehungsbezogen	Paarrituale, Harmoniearbeit, Spiegelübungen mit Cannabis
Skorpion	tief, intensiv, transformativ	Schattenarbeit, sexuelle Energie, Traumreisen, schamanische Tieftauchgänge
Schütze	expansiv, philosophisch, inspiriert	Erkenntnisreisen, Vision Quests, kosmische Perspektiven
Steinbock	strukturiert, ernst, karmisch	Klarheitsrituale, Langzeitabsichten, Cannabis als Lehrer der Disziplin
Wassermann	unkonventionell, visionär, rebellisch	Gruppenzeremonien, kreative Downloads, kollektives Denken
Fische	mystisch, auflösend, transzendent	perfekte Portaltage für Auflösung des Ich, Meditation, Hingabe

Zusätzliche Mondzyklen

Neben dem Zeichen ist auch die Mondphase entscheidend:

Phase	Bedeutung	Wirkung auf Cannabis-Rituale
Neumond	Neubeginn, Introspektion	Zeit der Samenlegung für neue Absichten – besonders klar und wirkungsvoll mit Cannabis-Medizin
Zunehmend Mond	Aufbau, Aktivierung	Gute Phase für energetische Rituale, Cannabis kann zur Stärkung und Fokussierung beitragen
Vollmond	Höhepunkt, Entladung	Intensive Öffnung, auch emotional instabil – geeignet für starke Rituale; Vorsicht bei Dosierungen
Abnehmender Mond	Loslassen, Reinigung	Ideal für Reinigungsrituale, Cannabis zur Entgiftung, Schwitzhütte oder Cord-Cutting-Zeremonien

Der Grüne Drache und die Kunst der Langlebigkeit

Was, wenn der Weg zur Langlebigkeit nicht durch Askese führt, sondern durch bewusste Verbindung? Was, wenn der Grüne Drache – Sinnbild für Lebenskraft und Transformation – auch ein Alchemist der Zellen ist?

In alten Kulturen galt der Drache als Symbol für langes Leben. Im Taoismus ist er nicht nur Himmelswesen, sondern Träger des Qi, der Lebensenergie. In ihm verschmelzen die Gegensätze: Wasser und Feuer, Erde und Luft, Geist und Materie. Der Drache ist ein Wesen der Balance, der zyklischen Erneuerung und der inneren Kohärenz. Genau das brauchen wir, wenn wir von gesunder Langlebigkeit sprechen: Balance. Zyklen. Kohärenz.

Die Zellalchemie des Lebens: mTOR und Autophagie

Die moderne Wissenschaft beschreibt heute biologische Mechanismen, die altchinesische Heiler bereits intuitiv erkannt und in ihren Lehren weitergegeben haben. Einer davon ist mTOR – ein zellulärer »Lebensschalter«. Er entscheidet, ob deine Zellen wachsen oder sich reinigen.

Ist mTOR aktiv, bauen Zellen neue Strukturen auf – das ist wichtig, aber auch riskant.

Wird mTOR gehemmt, starten Reinigungsprozesse: die Autophagie. Dabei werden defekte Zellbestandteile abgebaut und recycelt – ein biologisches Fasten.

Zu viel mTOR-Aktivität beschleunigt den Alterungsprozess, während Autophagie uns gesünder altern lässt – und länger leben. Studien zeigen, dass Substanzen wie OPC, Omega-3-Fettsäuren, Fasten sowie Cannabinoide wie CBD oder THCV die Autophagie fördern und mTOR modulieren können.

Cannabis – Fasten für die Zellen?

Cannabis kann in achtsamer Dosierung wie ein adaptogenes Elixier wirken: Es harmonisiert Körpersysteme, ohne sie zu überreizen. Studien weisen auf antioxidative, zellschützende und entzündungshemmende Eigenschaften von Cannabinoiden hin – ein wahrer Schatz für alternde Gewebe.

Vor allem CBD wirkt neuroprotektiv, unterstützt die mitochondriale Funktion und senkt chronischen Zellstress – einen Hauptfaktor für vorzeitiges Altern. Die Cannabispflanze wird so zum Boten einer intelligenten inneren Reinigung: nicht Betäubung, sondern Erneuerung.

Cannabis in der TCM: Das Kraut der Unsterblichkeit

Auch in der Traditionellen Chinesischen Medizin (TCM) war Hanf (Hung Ma) nicht nur Schmerzmittel, sondern ein Träger des Shen – des Geistes. In taoistischen Rezepturen galt er als Bestandteil von Elixieren zur Lebensverlängerung.

Im *Shennong Ben Cao Jing* wird Cannabis beschrieben als Substanz, die bei längerer Einnahme:

- den Geist klärt,
- die Lebensessenz bewahrt,
- den Körper stärkt,
- und die Verbindung zwischen Mensch und Kosmos vertieft.

Ein Unsterblichkeitskraut? Vielleicht nicht im Sinne ewiger Biologie – aber sehr wohl im Sinne geistiger Klarheit, energetischer Harmonie und innerer Regeneration.

Cannabidation – Rituelle Kohärenz als Lebenselixier

Cannabidation – die bewusste Verbindung von Cannabis, Atemarbeit, Präsenz und Ritus – wirkt wie ein biologischer Reset-Schalter für dein System. Hier kommen alle Langlebigkeitsprinzipien zusammen:

- **Cannabis** aktiviert das Endocannabinoid-System (ECS), das für Balance, Zellschutz und Immunregulation sorgt.
- **Bewusste Atmung** stimuliert den Vagusnerv, senkt den Cortisolspiegel und fördert Zellregeneration.
- **Ritualbewusstsein** erzeugt Kohärenz zwischen Psyche, Herz und Hirn.

Studien zeigen: Präsenz und Kohärenz senken Entzündungswerte, verbessern die Telomerase-Aktivität (Zellschutz) und steigern die Lebensqualität signifikant.

Langlebigkeit braucht Kohärenz

Langlebigkeit ist nicht einfach das Vermeiden des Todes – sie ist das tiefe *Ja* zum Leben.

Sie entsteht, wenn du im Einklang bist:
mit deinem Atem,

mit deinem Nervensystem,
mit deinem Endocannabinoid-System (ECS),
mit deiner Geschichte,
mit deinem inneren Drachen.

Wenn du in dieser Harmonie verweilst – nicht dauernd, aber immer wieder bewusst –, entsteht ein innerer Zustand, den die Chinesen *Wu Wei* nannten: **Müheloses Tun im Einklang mit dem Dao.**

Der Grüne Drache ist ein Symbol für Transformation, aber auch für Regeneration. Er lehrt uns, wie man stirbt – in alten Mustern. Und wie man lebt – in neuer Kohärenz. Wenn du ihn rufst, wenn du mit ihm atmest, wenn du dich von ihm führen lässt, dann wird er dich nicht unsterblich machen – aber vielleicht zeitlos.

Nicht die Jahre sind entscheidend, sondern die Lebendigkeit in deinen Jahren. Der Weg des Grünen Drachen ist auch ein Weg zur Verlängerung dieses kostbaren Funkelns zwischen Geburt und Tod – nicht als Flucht, sondern als Feier.

Ein Weg in die Tiefe des Lebens selbst.

Literatur:

Babson, K. A. et al. (2017). Cannabis, cannabinoids, and sleep. *Current Psychiatry Reports*, 19(4), 23.

Calder, P. C. (2015). Marine omega-3 fatty acids. *Biochimica et Biophysica Acta*, 1851(4), 469–484.

Mechoulam, R. & Parker, L. A. (2019). *Cannabis and cannabinoids*. Springer.

Pacher, P., Bátkai, S. & Kunos, G. (2006). The endocannabinoid system. *Pharmacological Reviews*, 58(3), 389–462.

Russo, E. B. (2016). Clinical endocannabinoid deficiency reconsidered. *Cannabis and Cannabinoid Research*, 1(1), 154–165.

Vara, D. et al. (2011). Anti-tumoral action of cannabinoids. *Cell Death and Differentiation*, 18(7), 1099–1111

Der evolutionäre Mensch

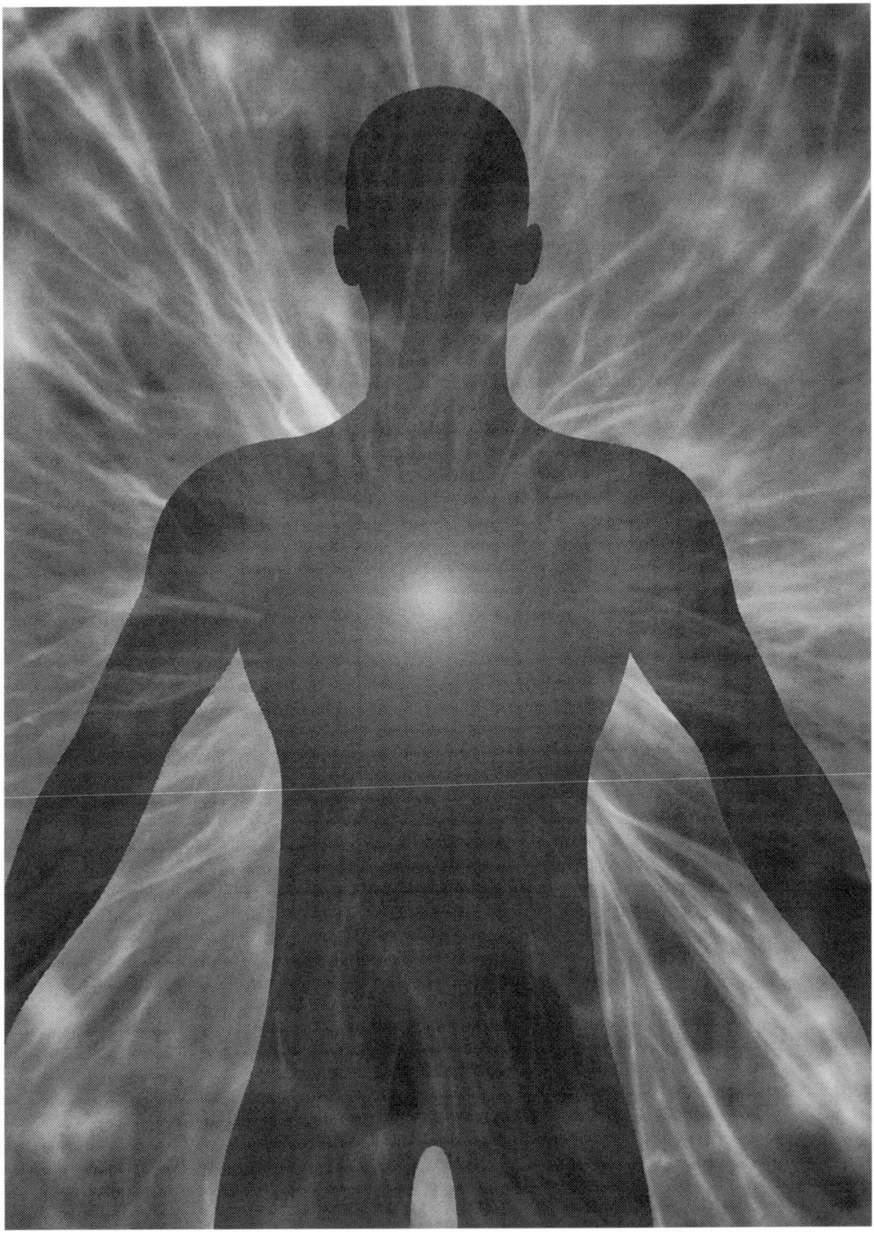

Zwischen alter Welt und neuer Möglichkeit – zwischen einem Homo sapiens, der sich selbst fremd geworden ist und einem neuen Menschen, der sich bewusst mit sich selbst, seiner Umwelt und dem Kosmos verbindet.

Manche nennen ihn den »Superhuman«. Doch es geht nicht um Superkräfte oder digitale Optimierung. Es geht um etwas Tieferes: eine neue Qualität von Kohärenz.

Kohärenz – der Schlüssel zur Evolution

Kohärenz bedeutet: Einklang. Synchronisation. Verbundenheit.

Wenn du kohärent bist, sind deine Gedanken, Gefühle, Handlungen und dein Körper im Einklang. Dein Nervensystem, deine Zellen, dein Geist – alles beginnt in Harmonie zu schwingen. Das ist kein esoterisches Ideal. Es ist messbar. Es ist fühlbar. Es ist der Weg zu Gesundheit, innerem Frieden – und einer neuen Art von Intelligenz: verkörperter Bewusstheit.

Und genau hier wird Cannabis zur evolutionären Medizin. Cannabis ist nicht einfach ein Wirkstoff – es ist ein Bewusstseinskatalysator. Wenn du sie achtsam und rituell nutzt – in Verbindung mit Atem, mit Vitalstoffen, mit Archetypenarbeit –, beginnt etwas Außergewöhnliches:

- Dein Endocannabinoid-System synchronisiert sich.
- Dein Nervensystem reguliert sich.
- Deine inneren Selbste kommen in Kontakt – emotional, körperlich, geistig, seelisch.
- Du wirst ganz.

Diese Ganzheit ist der nächste Schritt der Evolution – nicht durch technische Implantate, sondern durch spirituelle Integration.

Der neue Mensch – ein Wesen der Verbundenheit

Der Mensch der Zukunft ist kein Zyniker. Er ist ein fühlendes, wissendes Wesen – eines, das die Sprache der Pflanzen versteht, die Rhythmen der Erde achtet und seine eigenen Schatten integriert hat. Und gerade dadurch frei geworden ist.

Cannabis kann dir diesen Weg zeigen – aber nur, wenn du es nicht als Fluchtmittel nutzt, sondern als Brücke. Eine Brücke zwischen dir und deinem tiefsten Potenzial.

Der evolutionäre Mensch lebt in Beziehung mit:

- dem eigenen Atem,
- dem eigenen Körper,
- der Erde,
- der Mitwelt,
- dem Spirit, der durch alles webt.

Dies ist der Weg des Grünen Drachen – kein Eskapismus, sondern tiefe, transformierende Verwurzelung in das Leben selbst.

Wir sind nicht hier, um Superhelden zu werden. Wir sind hier, um authentisch zu sein. Um zu integrieren, was getrennt war. Um den Drachen nicht zu bändigen – sondern zu reiten.

Und vielleicht – nur vielleicht – ist genau das der Beginn einer neuen Stufe menschlicher Evolution.

Literatur:

Bennett, C. (2018). *Liber 420*. Trine Day.

Di Marzo, V. (2009). The endocannabinoid system. *Nature Reviews Neuroscience*, 10(11), 784–797.

Gebser, J. (1949). *Ursprung und Gegenwart*. Kohlhammer.

Grof, S. (2008). *Psychologie der Zukunft*. Arbor.

Lovelock, J. (1979). *Gaia: A New Look at Life on Earth*. Oxford University Press.

Metzner, R. (1998). *Ayahuasca*. Thunder's Mouth Press

Epilog

Ich habe lange gesucht.
Ich habe in den Mythen geforscht, in den Träumen, in den Liedern der Völker.
Und immer wieder bin ich ihm begegnet:
dem Drachen, dem Sohn und Begleiter der Göttin,
dem Feuerwesen, das zugleich heilt und zerstört.

Die dunklen Patriarchen haben ihn bekämpft,
ihn verbannt, ihn verteufelt.
Sie wollten Ordnung ohne Chaos,
Gesetz ohne Liebe,
Macht ohne Weisheit.
Doch der Drache lässt sich nicht töten.
Er schläft in uns, er schläft in der Erde,
er schläft in der Pflanze, die wir Cannabis nennen.

Heute weiß ich:
Der Drache ist unser Erbe.
Er ist die Kraft, die uns verwandelt.
Er ist das Chaos, das uns lehrt zu tanzen.
Er ist das Feuer, das uns reinigt.
Er ist die Stimme, die uns daran erinnert:
Ihr seid die Kinder der Erde.

Shiva kannte ihn, Dionysos kannte ihn, Jesus trug ihn im Herzen,
und Quetzalcoatl kam, um ihn in neuer Gestalt zu verkörpern.
Sie alle wussten:
Mit ihm erwacht das Neue.

Und nun stehst du am Ende dieses Buches,
und ich sage dir:
Dies ist kein Ende.
Dies ist der Anfang.

Dies ist die Aufgabe unserer Zeit.
Dies ist ein Ruf.
Und dies ist der Weg, der sich dir öffnet:
der Weg des Grünen Drachen.

Der Drache will erwachen.
Die Pflanze will zu dir sprechen.
Bist du bereit, zu hören?

DIE SPIRITUAL-CANNABIS ACADEMY

CANNABIS NEU VERSTEHEN LERNEN

Vielleicht spürst du nach der Lektüre dieses Buches den Ruf, tiefer einzutauchen. Worte können inspirieren, Rituale können berühren – aber wahres Lernen geschieht durch eigene Erfahrung. Genau dafür habe ich die Spiritual Cannabis Academy gegründet. Sie ist ein lebendiges Feld von Menschen, die den Grünen Drachen in sich erwecken wollen.

Was ist die Spiritual Cannabis Academy?

Die Academy ist mehr als eine Webseite. Sie ist eine Schule des Bewusstseins – ein Ort, an dem sich uraltes Wissen und moderne Praxis begegnen. Hier findest du Kurse, Anleitungen und Begleitungen, die dich Schritt für Schritt in eine bewusste, heilsame und spirituelle Beziehung mit Cannabis führen.

Komm in die Academy.

Lass uns gemeinsam ein Feld erschaffen, in dem Heilung, Weisheit und Transformation möglich werden. Und vielleicht wirst du eines Tages nicht nur Schüler des Grünen Drachen sein – sondern auch Lehrer, Begleiter, Wegweiser für andere.

www.spiritual-cannabis.org

Weitere Angebote von Sundragon:

www.gaia-schamanismus.org

Du bist oder willst Cannabispatient werden?
Ich arbeite mit Kanna Medics zusammen und berate dort auch Patienten. Kanna Medics entwickelt mit mir Programme und Cannabinoidmischungen, die für diese Arbeit gut geeignet sind.

Für alle, die in diesem Buch einen bewussten Weg mit Cannabis suchen – sei es medizinisch, spirituell oder integrativ – kann Kanna Medics ein sicherer, kompetenter Einstieg sein. Ein Ort, an dem moderne Medizin und die alte Pflanzenweisheit sich nicht ausschließen, sondern einander ergänzen.

Kanna Medics – Medizinische Cannabisbegleitung mit Herz, Wissen und Klarheit

Kanna Medics gehört zu den wenigen Institutionen, die medizinische Kompetenz, moderne Telemedizin und eine spürbare Wertschätzung für die Pflanze miteinander verbinden.

Sie arbeiten evidenzbasiert, berücksichtigen das Endocannabinoid-System mit all seinen Facetten und nehmen sich Zeit für eine echte therapeutische Einschätzung. Viele meiner Leserinnen und Leser berichten, dass sie dort zum ersten Mal das Gefühl hatten, gesehen zu werden – nicht nur als Patient, sondern als Mensch.

Kanna Medics bietet:

- Fachärztliche Beratung mit Erfahrung im Umgang mit Cannabisblüten und Extrakten
- Schnelle, strukturierte Telemedizin-Abläufe
- Unterstützung bei chronischen Schmerzen, Schlafstörungen, Angstzuständen und inflammatorischen Erkrankungen
- Eine respektvolle Haltung gegenüber der Pflanze und ihrer Geschichte

kanna-medics.de

Hanf ist highlig

Hanf highlt

Michael Carus und Dr. med. Franjo Grotenhermen

101 Gründe, Cannabis zu lieben

Wirkung, Kultur und Geschichte von Cannabis

Selbst wenn Sie noch nie Cannabis konsumiert haben und vielleicht auch nie konsumieren werden, erfahren Sie in diesem Buch, was Menschen am Cannabisrausch attraktiv finden: 101 Gründe, Cannabis zu lieben, vielfältige Aspekte der Wirkung, Kultur und Geschichte von Cannabis sowie Einblicke in die Biografien prominenter Cannabisliebhaber.

ISBN 978-3-03788-697-7
240 Seiten, 13 × 20,3 cm, Softcover, reich und durchgehend vierfarbig illustriert

Esther Steinmann

Cannabis bei Multipler Sklerose

Wie THC meine Beine beflügelte

Ein Erfahrungsbericht mit Infos zur Nutzung von Cannabis bei Multipler Sklerose, Rezepten und Hinweisen zur Zubereitung von Hanfmedizin sowie Interviews mit Forschern, Patient*innen und Ärzten.

ISBN 978-3-03788-689-2
108 Seiten, 14,8 × 21 cm, Broschur

Stefan Haag

World Wide Weed

Der grosse Cannabisführer

WorldWideWeed ist der erste globale Cannabisführer, der nicht nur den rechtlichen Status von Cannabis in jedem Land beleuchtet, sondern auch tief in Geschichte, Kultur und Szene eintaucht.

ISBN 978-3-03788-711-0
ca. 230 Seiten, 4-farbig, Softcover

NACHTSCHATTEN VERLAG

Nachtschatten Verlag AG
Kronengasse 11
CH-4500 Solothurn
Tel. +41 (0)32 621 89 49
Fax +41 (0)32 621 89 47
info@nachtschatten.ch
www.nachtschatten.ch

Wolf-Dieter Storl
Bom Shiva
Der ekstatische Gott des Ganjas

Shiva, der indische Schutzhüter des Hanfes, verkörpert wie kein anderer Gott den Rausch, die Ekstase und die Lust am Leben als solches. Die schönsten Geschichten von Shiva und seinem Lieblingskraut – ein berauschendes Lesevergnügen!

ISBN 978-3-03788-114-9
74 Seiten, Format DIN A6, Broschur

Jürgen Wasim Frembgen
Bhang – Rauschtrank und Sakraldroge
Zum Gebrauch eines Hanfextrakts im Orient

In Südasien und anderen Teilen des Orients bis nach Afrika gehört der Gebrauch von Hanfpräparaten in Rausch und Ritual sowie zu Heilzwecken seit jeher zur kulturellen Praxis. Vor allem in Indien und Pakistan, aber auch anderswo, wird Cannabis als Bhang getrunken, das je nach Dosierung eine vergleichsweise stärkere Wirkung entfaltet. Dieses Buch widmet sich ausschließlich der Applikationsart des Trinkens, die bisher kaum untersucht wurde.

ISBN 978-3-03788-682-3
92 Seiten, 12 × 20,3 cm, Softcover

André Schneider
High Cuisine

André Schneiders kulinarische Entdeckungsreise ist Ausdruck seiner Passion für das Kochen und für Cannabis. Schneiders Begeisterung für die Zubereitung delikater, innovativer Gerichte wird dabei ebenso deutlich wie seine Faszination für die Cannabispflanze und ihr kulinarisches Potenzial.

Englischsprachig. Mit 125 ausführlich erklärten Rezepten
ISBN 978-3-03788-676-2
402 Seiten, 21,8 × 29 cm, Hardcover, durchgehend 4-farbig

NACHTSCHATTEN VERLAG
Nachtschatten Verlag AG
Kronengasse 11
CH-4500 Solothurn
Tel. +41 (0)32 621 89 49
Fax +41 (0)32 621 89 47
info@nachtschatten.ch
www.nachtschatten.ch